桌椅类家具人机适应性设计

Ergonomics Adaptability Design of Desks and Chairs Furniture

郭园◎著

中国建筑工业出版社

图书在版编目（CIP）数据

桌椅类家具人机适应性设计 = Ergonomics Adaptability Design of Desks and Chairs Furniture / 郭园著 . — 北京：中国建筑工业出版社，2023.11
ISBN 978-7-112-29275-2

Ⅰ. ①桌…　Ⅱ. ①郭…　Ⅲ. ①人 - 机系统—应用—家具—设计　Ⅳ. ① TS664.01-39

中国国家版本馆 CIP 数据核字（2023）第 191696 号

数字资源阅读方法：

本书提供全书图片的电子版（部分图片为彩色），读者可使用手机 / 平板电脑扫描右侧二维码后免费阅读。

操作说明：

扫描右侧二维码 → 关注“建筑出版”公众号 →点击自动回复链接 → 注册用户并登录 → 免费阅读数字资源。

注：数字资源从本书发行之日起开始提供，提供形式为在线阅读、观看。如果扫码后遇到问题无法阅读，请及时与我社联系。客服电话：4008-188-688（周一至周五 9:00-17:00），Email：jzs@cabp.com.cn

责任编辑：李成成
责任校对：姜小莲

桌椅类家具人机适应性设计
Ergonomics Adaptability Design of Desks and Chairs Furniture
郭园　著
*
中国建筑工业出版社出版、发行（北京海淀三里河路9号）
各地新华书店、建筑书店经销
北京雅盈中佳图文设计公司制版
北京中科印刷有限公司印刷
*
开本：787毫米 × 1092毫米　1/16　印张：$11^{1}/_{2}$　字数：231千字
2023 年 11 月第一版　2023 年 11 月第一次印刷
定价：69.00元（赠数字资源）
ISBN 978-7-112-29275-2
（41986）

目录

第一章
桌椅类家具发展概述

第一节　桌椅类家具发展历史及风格

一、桌椅类家具

家具，又称家私、家什等，是家用器具之意。家具根据具体功能用途可以分为坐具、桌类、床类、储物类等。桌椅一词为坐具与桌类家具组合使用过程中的统称，是现代人生活、工作、学习中必不可少的主要用具。桌椅类家具的发展，受到社会环境、功能需求、技术条件、加工工艺等多方面因素影响，持续改进，推陈出新。造型风格也成为时代特征、地域文化、人文观念等众多信息的外显载体。由于桌椅类家具使用频率极高、应用场所广泛，从某种意义上，这类家具可以较好反映所使用地区的经济文化发展程度，是当地使用者生活、工作、学习方式的缩影。而梳理桌椅类家具的发展历史，可以更好地理解桌椅设计的演进轨迹，进而有助于准确预测未来桌椅设计的发展趋势。

二、西方桌椅类家具

椅子，《辞海》中的定义为有靠背的坐具。回溯坐具发展历史，早在公元前 3200 年，古埃及开始出现常见的座椅，其具有一定使用功能性或礼仪用途。初期的坐具以凳子的形式出现，材料为石材与木材，造型有三足、四足等，凳面使用芦苇或者灯芯草等材料编织而成，形成一个内凹曲面。结构上，除了常规凳足稳定垂直于凳面的形式外，X 形的折叠凳在这个时期已经出现，并且这种经典的结构形式沿用至今。根据文献记载，同期出现的一部分矮凳，并非真正的座椅，而是放在椅子前面的脚凳，这种矮凳形式的出现体现着当时礼仪中的权力与地位，从使用舒适性的角度，已经初具座椅的人机适应性特征。与脚凳同时出现的高背椅，在古埃及是财富与权威的象征，椅身表面具有极强的装饰性图案。到公元前 1500 年前后，椅子开始在埃及被社会普通阶层所使用，椅子靠背由最初的直立式朝着有一定倾斜角度的形式发展。这一改变从使用的舒适性与人机适应特征上具有明显的进步意义。桌子，具有承载的功能，因此在古埃及相关的浮雕和壁画中出现的桌子多被用于用餐、工作、展示与放置宗教祭品等，形状以长方形居多。桌腿通常以纸莎草或棕榈等图案作为装饰。这一时期的桌椅表现出威严、凝重的特征，装饰式样生动形象，体现出当时人们对自然的崇尚。

坐具发展到公元前 6 世纪的希腊时期，形式变得多样化，包括具有地位象征意义的宝座，普通人使用的凳子、沙发和克里斯莫斯椅（Klismos Chair）等。克里斯莫斯椅是希腊时期非常有代表性的椅子，椅身整体造型简洁优雅，线条优美，椅背则相对更为适应人体背部曲线。而古罗马时期家具的材料和饰面用材相比更加丰富，其椅子的基本形式比希腊时期的椅子更为厚重，并且靠背部分出现了一定的改变。古希腊时期的桌子常被用来提供餐食，小的单人桌会与沙发组合使用，这类桌子的高度考虑到使用者斜倚坐姿时拿取东西的便捷性，具有基础的人机适应特性。而古罗马时期的桌子则更注重装饰性，桌子的形式也相比更加多样化。

中世纪时期的椅子更注重地位和权威的象征意义，整体造型采用如建筑般刚直与厚重的形式，表面附有雕刻、镶嵌、绘画等作为装饰，礼仪用途体现得淋漓尽致。但从使用的舒适感以及与人的适应关系角度而言，显然这些并不是这一时期坐具优先考虑的事项。中世纪时期的桌子开始具有多功能用途的特征，桌子除了用于吃饭外，还可以用来储物、写字甚至睡觉。例如桌面可以翻开，桌面下方设置了储物空间。这种从实用角度出发的多功能设计，也是桌子适应使用者需求的一种表现。

文艺复兴时期的椅子，以折叠椅为例，展现出轻而便携的特征，可以用于就餐、写作等多种用途。这一时期的椅子开始注意使用的舒适性，采用天鹅绒等织物材料对椅面进行包裹。软包形式的出现，以及更多种类的织物材料融入座椅设计之中，这些变化不仅是对造型装饰的丰富，更让使用者获得不同以往的舒适性感受。此外，藤编材料的使用，在一定程度上改善了椅子在夏季的透气性，适应多样化的使用需求。文艺复兴时期的桌子除了常规长而窄的桌面外，还出现了圆形、六边形、八角形桌面的中央桌。而 16 世纪写作行为的流行导致了专门的写作桌的出现，这些供写字使用的桌子常常配有抽屉，并且顶面具有一定倾斜角度，这些变化是桌子适应人具体使用功能需求的体现。这一时期的桌腿多为具有一定装饰性的支架造型，相对沉稳庄严。

文艺复兴思想文化运动及人们不断变化的鉴赏品位的推动，促成了生动而华丽的巴洛克风格的出现。巴洛克风格的家具一般有相对繁复的雕刻并进行涂金处理，这一风格的椅子在木质靠背、扶手、椅腿等部位，采用雕刻式样进行装饰，有些甚至是极具动感的螺旋造型，代替了以往方木或者旋木等形式。这一变化突破旧有庄严、含蓄、均衡的表现形式，在视觉上带有夸张的运动感效果。后期的巴洛克风格家具出现了强烈的涡形装饰，华丽与非理性特征明显，说明人们的审美持续发生着变化。而这一时期的桌子同样呈现出更具生命力和动感的桌腿，桌子整体造型突破了古典艺术的常规效果，反映当时人们的审美趋向。

进入 18 世纪，家具所展现出的最显著的特征就是优雅，优美的曲线、非凡的设计与精湛的技术创造出这一时期家具的辉煌。代表性的洛可可风格是前面巴洛克风格的延续，其基本造型多具有纤细轻盈之感，同时配有华丽的装饰，前期粗大旋转扭曲的家具腿被纤细弯曲的尖脚所替代，整体更加趋于舒适、多样化。椅子的外部框架多经过雕刻、抛光或镀金等处理，座椅靠背部位样式极为丰富，薄板透雕可以表现更多样化的图案，其中还有借鉴中国风格的窗格纹样式，视觉上更为精致并适应当时使用者的审美需求。洛可可风格的桌子，形体变小、结构趋简，例如精致的小餐桌、梳妆桌、游戏桌、绘画桌，用于阅读或写作的工作台等，同时桌子开始趋于更加专业化。桌子表面设置有附属功能配件，如不同式样及尺寸的阅读架、折叠屏风、烛台等，此类细化的功能部件及使用细节的考虑，更加适应人们的具体使用需求。

18 世纪 60 年代，人们逐渐厌倦曲线，直线和对称形式开始回归，新的风格随之产生。这种新古典主义风格一改前期家具夸张的曲线造型，椅子的整体线条曲线与洛可可时期相比变得僵硬，椅背的框架造型为简单的圆形、方形、椭圆形、盾形等，椅子总体不像洛可可风格那样舒适，但仍然不失优雅。古典装饰图案在家具中再次运用，例如翼狮人面像、狮子、鹰头等，与洛可可表现出的优雅流动和运动风格相比，这些图案在视觉上更表现出男子气概般的特点。同一时期，新古典主义风格的桌子也开始采用直线表现形式，桌腿多为自上而下逐渐变细的方柱或圆柱，整体造型轻巧，不同样式适合多种场合，且具有明确的功能性，例如餐桌、咖啡桌、牌桌等。桌椅根据使用场所进行的细分及造型风格的改变，都是主动适应使用者具体功能需求和审美需求的体现。

19 世纪的工业化进程推进了家具制造业的发展，工艺简化使得制造古典样式的家具变得更方便，这一时期的维多利亚古典风格，综合接受了前期的各种风格和样式，椅子从造型的处理、材料的选用到装饰的表现，云集了前期椅子的各种特征，展示了多种时期不同的时尚。此时对各种古典家具形式进行复制、拼凑、堆砌的背后，其实反映出人们适应工业化进程中，对新生活方式的探索。

随着 19 世纪工业革命的发展，技术创新以及大型展览会使得许多经典椅子获得广泛传播。托耐特“14 号”弯曲木椅就是代表性的产品。椅子采用 6 根直径 3cm 的标准化曲木零部件和 10 个螺钉组装而成，椅身曲线简洁，无过多装饰，体现材质原有品质，其后系列化椅子的样式保持相近风格，这些特征已经初具近现代家具的典型模式。工业革命开始后的机械化生产扩大了椅子的产量，工艺与结构的改进使得椅子便于拆卸、运输，这一时期的椅子不断在设计、技术、市场营销等方面做出尝试与改变，努力适应社会环境、工业机械化进程以及人们在家具功能与审美等方面的需求变化。

接受机械化需要一个适应过程，这就使得在这个阶段中，人们对手工艺生产与机械化制造表现出不一样的态度，进而产生一系列的文化艺术运动：工艺美术运动、新艺术运动、现代主义等。这些文化运动在不同的地域及国家有不同的表现，设计师和他们所归属的组织创作了大量具有当时时代特征及风格的优秀作品，这些风格都是适应时代环境变化而自然产生的，反映普通大众的生活。

20 世纪初，家具进入了由传统家具向现代家具发展的承前启后阶段。这一时期，有追求纯粹抽象的风格派、对设计教育有巨大影响的包豪斯学派和包豪斯设计学校，有倾向几何形式的装饰艺术运动等，这些众多的风格、流派及其代表人物创作了大量经典作品，对现代家具的形成起到了重要的作用。

三、中国桌椅类家具

中国文化历史悠久，有史可考的家具始于商朝，早期人们采用席地而坐的方式，这一方式持续经历了夏、商、周、春秋、秦汉等时期。这一坐姿方式使得与之相配合的家具都较低矮。早期的坐具是席，而俎则是桌案类家具的始祖。席，是为了避免潮湿和寒凉，采用芦苇、席草、皮毛等制作的坐卧铺垫之具。俎，是古代一种礼器，为祭祀时切牲和陈牲所使用，具有桌案的功能。出土的商周青铜俎、石俎、木俎，其造型、材质与装饰都反映出当时等级分明的宗法制度。案，春秋战国时开始出现。战国时候的髹漆工艺广泛应用，漆案开始流行，如适合人们席地而坐使用的低矮漆食案。汉代时的案依据使用目的分为食案、书案等，针对具体的用途，提供更加适应需求的细节设计，例如食案边缘设置有拦水线，以防止所承载的杯盘倾倒时的汁水溢出。

魏晋开始出现高型坐具，如椅、筌蹄（墩）、凳。同时期，胡床在民间普及，胡床也被称为“交床”“交椅”“绳床”，属于折叠坐具。坐姿从传统的席地而坐开始向垂足而坐转变，而适应这一坐姿变化的坐具及桌案类家具也相应发生变化。隋唐五代，席地而坐与垂足而坐并存，相对应的高低型家具也因此同时存在。在传世的壁画与绘画作品中，唐代的凳与墩式样多，如月牙凳、腰鼓形墩等，造型丰润，装饰华丽。唐代的椅子较宽大，高靠背，带有扶手，椅身有雕刻图案，使用者可以盘足坐在其上，整体稳定美观。唐代的桌子有简朴的方桌，带有雕刻装饰的长方形桌，用在公共场合、多人使用的餐桌。从史料和绘画作品中可以看出，当时的桌椅针对不同的使用场合、使用需求、使用人群有不同的造型、装饰和细节处理。整体形式上宽大厚重、形态饱满，气势博大。

五代时期的凳与墩延续了唐代的形式，主要有方凳、圆凳、月牙凳、绣墩等。椅子有四出头靠背扶手椅、圈椅、靠背椅等。椅子的形式较唐代更为秀丽，有些椅子配有脚踏，椅身装饰更趋于简洁。五代时期的桌案有用餐的长桌，以及矮桌、翘头案、长案等，这些桌案腿部大多做直线处理，整体简洁素雅。

宋代，垂足而坐的方式已经普遍，与之尺度相适应的家具品种不断增加，式样丰富。这一时期的凳有方凳、长凳、圆凳等，墩有藤墩、木质坐墩等。椅子有靠背椅、扶手椅、圈椅、交椅。靠背椅的搭脑和靠背部分的细节处理呈现多样化。而扶手椅相比靠背椅稍显宽大，靠背较低。圈椅与扶手椅相比，椅身的曲线更为柔和流畅，靠背部位的处理有圆背和直背两种。交椅由胡床发展而来，椅腿的部分还保留有胡床的部分特征，椅面上部添加了靠背。宋代的桌子种类增多，有书桌、琴桌、供桌等，不同功能的桌子有差异化的细节设计。整体而言，这一时期的桌椅，造型简约工整，装饰文雅含蓄。

辽、金、西夏时期的桌椅基本保持宋代的造型，桌子相对质朴，装饰基本与结构紧密结合，出现了低矮型小桌和折叠桌等不同种类桌子。元代桌椅的制作依旧沿袭宋代的做法，桌子出现了抽屉桌，家具风格简洁豪放。从宋代至元代，家具系统基本建立，品类逐渐增加，整体式样的发展体现着当时的社会文化及经济环境的变迁，桌椅的种类开始丰富，细节处理更加考虑使用场所、使用者的具体需求，椅子的靠背设计也在逐步适应使用者的人体曲线，这些发展都为随后明清桌椅类家具的繁荣奠定了基础。

明代是中国传统家具发展的成熟期，家具品类丰富。这一时期家具的造型、装饰、结构形成了独特的风格，这一时期的凳有方凳、条凳、圆凳等，墩有座面式样各异的绣墩、鼓墩等。代表性的椅子有靠背椅、扶手椅、圈椅、官帽椅、交椅等。靠背椅有搭脑两端不出头的一统碑椅，靠背为多根圆梗均匀排列的梳背椅，高背且搭脑两端出头的灯挂椅。靠背椅是明式椅子中比较简洁的形式；玫瑰椅是一种矮背扶手椅，椅背高度与扶手高度落差不大，椅子的框架以旋木圆柱为主，靠背多有特色装饰面板；官帽椅，因造型特征形似官帽而得名，有四出头官帽椅、不出头的南式官帽椅、高扶手官帽椅等；圈椅，其座面以上部分与交椅类似，靠背部位的搭脑与扶手连贯成为一条流畅的曲线，使椅子上部框架形成一个具有包围感的弧形椅圈；交椅，其上部的曲线框架与圈椅近似，不同的是椅面下部是折叠结构，有一定的便携性。明代的椅子整体上以刚柔相济的线型为主，不同类型的椅子各个部位的线条都极为考究，木料的长短、粗细、曲直，以及相互之间的比例关系，都十分匀称协调，不仅具有简练、文雅、大方之美，也能适应使用者的具体功能需求。

明代的桌案式样丰富，使用广泛。根据桌面的形状大小，桌子可以分为方桌、条桌、半桌、月牙桌等。常见的方桌有八仙桌、六仙桌、四仙桌，基本造型有束腰和不束腰两种。条桌的桌面为长方形，使用场合广泛，用餐、放置物品、下棋画画等皆可。半桌是方桌的一半，可以拼接桌子使用。月牙桌是一半的圆桌，有直腿、三弯腿等多种样式。此外，针对特殊使用功能和场所，还有炕桌、画桌、棋桌等。炕桌是在炕上使用的矮桌，体积小，易于搬动。画桌，根据功能需求，宽度有差别。棋桌是专门用于对弈的桌子，桌面有棋盘，桌边设有装棋子的部件。案，不同于桌子，案的腿大多缩进案面内部，不会与案面边缘齐平。明代的案有平头案、翘头案、架几案、条案等。平头案和翘头案的差别是案面两端是否平直，架几案案面下是两只几代替腿，并且几和案面可以分体装配。案的装饰通常出现在案面下方的支撑或者结构部位。明代的桌案整体质朴清秀，比例匀称，造型线条优雅，结构精巧，样式变化多样且装饰适度，注重材质本身特征的表现。

清代的桌椅继承了明代的工艺与结构处理方式，但在造型与装饰方面有很大的不同。这一时期的凳和墩，造型较明代更丰富，装饰手法有雕、嵌、镂、绘等。椅子有太师椅、官帽椅、靠背椅、屏背椅等。太师椅座面较宽大，形体沉稳，靠背与扶手相连，形成多扇的围屏，有稳如泰山之感。官帽椅基础造型与明代近似，但是在靠背等位置增加了不同的装饰。清式靠背椅整体风格上差异较大，广作椅子受到同时期海外风格的影响，出现了不同的椅腿造型和装饰纹样。屏背椅的靠背是独立的座屏，镶嵌石板瓷片等，形成一定的图案。清代的椅子整体造型趋于复杂，装饰特征明显增强。

清代的桌案式样多，方桌、半桌、月牙桌、条桌、平头案、翘头案、条案等常规形制沿袭明代桌案，不同的是桌身和案身增加了大量的雕饰。这一时期的桌案整体造型相对浑厚，形态丰硕，装饰趋于烦琐，同期受到西方洛可可、巴洛克等风格影响，桌椅造型和装饰出现一定的融合与借鉴。

20 世纪上半叶，中国近代家具在传统家具的基础上，吸收借鉴了海外家具的特色，出现更多新式样、新功能的家具，适应社会环境的变化以及人们生活方式及需求的转变。开始出现软垫椅、转椅、躺椅等，桌子有写字桌、牌桌等。这些不同功能桌椅的出现正是对人需求变化的动态适应，桌椅的尺度也会根据需求进行相应的改变。这一时期桌椅出现的装饰图案仍然以中国传统纹样为主，表达人们对美好生活的期许。

四、现代桌椅类家具

20 世纪 50 年代后，现代家具先后经历了新现代主义、高技术风格、波普风格、后现代主义、解构主义等众多风格变迁，在这些运动的影响与推动下，出现了一批家具与室内设计大师，创作出大量在家具领域留传至今的经典作品，如埃罗・沙里宁设计的“郁金香”椅、伊姆斯夫妇设计的餐椅、柯伦波设计的多功能管状椅、盖当诺·佩西设计的“UP”系列沙发、洛斯・拉古路夫设计的超自然椅（Supernatural Chair）、路昂・阿拉德设计的金属椅、菲利普・斯塔克设计的吧台椅、柳宗理设计的“蝴蝶”椅、喜多俊之设计的米奇椅、安尼・雅各布森设计的“天鹅”椅和“蛋”椅、汉斯・瓦格纳设计的中国椅和 Y 椅、维纳尔・潘顿设计的潘顿椅、艾洛・阿尼奥设计的球椅、约里奥・库卡波罗设计的 Formula 椅和 Plaano 椅。现代家具在技术的推动下，制作工艺、材料应用等各方面都不断发生变化。而信息技术更是加速着世界文化的交流与融合，促进家具的多元化发展。

五、小结

本节从桌椅类家具的定义开始，在回顾了西方桌椅类家具发展简史和中国桌椅类家具发展简史后，对现代家具的风格和一些著名设计师的代表作品进行了简要介绍。从桌椅类家具的发展历史，可以看出家具一直在不断调整造型、结构、材料、功能等特征来适应社会、经济、文化、技术等大环境的发展，并满足不同历史时期使用者的要求。

第二节 桌椅家具类型及市场发展概述

一、桌椅类型及主要特征

桌椅类家具市场产品种类繁多，应用范围广泛，根据使用场合的不同，分为民用家具、办公家具、宾馆家具、学校家具、医疗家具、商业家具、户外家具等。

民用家具中的桌椅，主要是指在家庭中使用的桌椅，例如在餐厅使用的餐桌椅、在书房使用的书桌椅、在儿童房中使用的儿童桌椅、在娱乐空间中使用的电竞桌椅、在阳台使用的休闲桌椅等。这类桌椅因消费群体巨大，市场极为广泛。不同特征的使用人群带来多样化的消费需求，同时受到时代背景、地域文化、家居环境、审美喜好等多方面差异因素影响，使得民用家具中的桌椅在结构、造型、材质、色彩、功能配件等方面各有不同。

办公家具中的桌椅即在办公室、会议室、计算机室等办公环境使用的桌椅，由于办公性质、使用频率及强度、具体办公行为需求及办公人员数量等的差异，办公桌椅除了常规属性与家庭使用桌椅不同外，桌椅的尺寸以及组合方式也会大不相同。而近年来，随着科技的发展，办公方式不断变化，新兴技术介入办公环境的程度不断加深，直接影响桌椅家具的功能设定与智能化的发展。同时，随着办公强度的提升，办公环境中的久坐时间持续增长，因此，设计师在设计桌椅时，开始更多注重提供适应性调节功能以改善久坐对人体带来的不良影响。

宾馆家具中的桌椅，是指在宾馆、饭店、酒店、酒吧等公共环境中使用的桌椅，其中既涉及餐饮娱乐用的桌椅又涉及居住房间内使用的桌椅。其特征与相应环境中具体使用者行为和需求密切相关，桌椅外部造型等特征需与环境内外风格相一致，同时还需注意公共环境使用中的安全性与维护便捷性等需求。

学校家具中的桌椅，是指在教室、图书馆、阅览室、实验室、学生公寓、食堂餐厅等校园环境中使用的桌椅。学生每天有大量的时间与桌椅相伴度过，桌椅使用频率相对较高，因此校园环境内使用的桌椅要十分注意学生的特性，既要让不同年龄段的学生使用与身体尺度相适应的桌椅，也要注意不同课业任务情形下，学生对桌椅功能的实际需求差异，不断更新优化桌椅产品。例如，近年一些小学桌椅可以在需要时，通过简单的操作将课桌椅转变为可供午休的躺椅；一些教室内的桌椅不再采用常规方形桌面，而是采用更为多变的桌面造型，以适应灵活的教学环节。这些变化就是在满足常规桌椅基本功能需求基础上，顺应环境及时代发展需求所进行的适应性调整，但整体而言，健康、安全、高效始终是学校桌椅不变的出发点。

医疗家具中的桌椅，是指医院、诊所、疗养院等环境中使用的桌椅。使用环境的特质及医护等使用人群的行为特征决定了桌椅具体功能的设置，其中安全及维护管理等属性的重要程度与其他环境中的桌椅略有不同。

商业家具中的桌椅，是指在商场、博览厅、服务行业等环境中使用的桌椅。此类环境的桌椅围绕商业功能需求，既要考虑具体环境特征又要考虑使用行为，同时还要注意公共群体使用中的安全与维护。例如，一些品牌卖场中放置着供产品展示用的桌子，同时配有供消费者为体验产品而短暂停留时使用的椅子，此类桌椅会根据卖场空间的大小，采用更加适合环境的尺寸，桌椅多以简洁为主，突出所展示商品，同时考虑到促进消费者的快速决策与流动，座椅的舒适性相对有限。

户外家具中的桌椅，是指在庭院、公园、广场等户外环境中使用的桌椅，其功能整体偏向于休闲。户外环境的气候、光照、温度、湿度持续在变化，因此户外桌椅要更注意材料的选择、使用过程中的安全与后期维护。

桌椅是人们日常生活、工作、学习中必不可少的一类家具，上述桌椅因其具体明确的使用环境及使用需求差异，实现了产品市场细分，桌椅特征和侧重点各不相同，但整体而言，各种类型的桌椅无论是单独使用还是组合使用，都始终围绕使用人群和使用环境创建一种动态的适应系统，并随着技术的进步及学习、工作、生活方式的转变不断调整与更新，以实现桌椅、使用者、环境三者的协调与动态发展。

二、学习桌椅市场现状及使用发展趋势

（一）学习桌椅市场现状

在所有桌椅类型中，学习桌椅与办公桌椅是人们每日使用较频繁的类型，其市场广泛，发展变化明显。学习桌椅是学生每天都要接触到的一类产品，且使用率高、持续使用时间长。每个人在成长阶段，都要经历漫长的学习生涯，学龄儿童及青少年工作日要在学校停留 6h 以上，其中大部分时间在课堂中度过。这个过程通常伴随着课桌椅的使用。与此同时，社会上还为儿童和青少年提供了各种形式的课外托管班或辅导班，一些儿童及青少年在这类校外教育机构还要停留一定的时间。此外，社区或者城市公共服务系统为儿童及青少年提供了公共图书馆等拓宽知识面的场所。在这些校外学习环境中，儿童及青少年仍然会与桌椅有紧密的接触。除此以外，不同年级的学生在家中需要完成一定数量的作业，作业除了基本的听说读写外，也会随着教学模式和

手法的更新而产生新的形式。不管是何种形式的作业，大多需要使用桌椅来完成。一般家庭中的年轻父母在条件允许的情况下，通常会为儿童及青少年准备独立的房间，并配有专用的儿童家具，而学习桌椅则是其中不可或缺的一类。

现有市面上拥有大量品牌的学习桌椅，价位从百元到上万元，性能良莠不齐。在儿童及青少年学习家具市场发展的早期，一些非专业设计生产儿童及青少年家具的厂家为了提高经济效益、争夺更大的市场，常会根据用户需求趋势，迅速推出儿童及青少年家具新品，因而会存在着照搬国外儿童及青少年家具或者将成人办公桌椅缩小并更换色彩的情况。这就有可能忽略了地域性儿童及青少年需求的差异，包括身体尺度、课业种类等。近几年，随着儿童及青少年家具市场快速发展，学习桌椅的行业规范开始逐步完善。国内的生产企业、科研院所及相关检测机构等多方都在为市场健康发展共同努力。在 2018 年、2019 年，国内人机领域的部分专家、企业代表先后在深圳、上海、北京、广州召开了 4 次人机工程学儿童学习桌椅标准研讨会，对儿童学习桌椅的标准草案进行了深入讨论，其中涵盖了学习桌椅的物理特性、人机要求等众多内容，希望为国内儿童及青少年学习桌椅产品制订合理的标准，以保障学习桌椅市场朝着更规范健康的方向发展。

与此同时，高新技术在世界范围内不断加速着各类产品的更新换代，家具产品也不例外。智能家居正在快速地拓展市场，而家具是智能家居的重要组成部分，随着各种智能化技术在家具行业的渗透，儿童及青少年家具同样会发生变化。因此，如何结合新技术，深入挖掘使用过程中的潜在需求，将是未来学生桌椅市场发展的重点及核心。

（二）学习桌椅使用发展趋势

从长远角度分析学习桌椅的发展趋势，必须结合全球教育大环境的发展。近年来，教学环境的优化及变革不断加深，各类教学应用新技术的发展促使智能大学（SMU）、智能教室（SMC）、智能学习环境（SLE）大量出现，智能教育（SME）及相关主题被许多国家的政府、科研机构、企业纳入战略发展议程。许多国家相继宣布智能教育计划，在传统教育领域开启全新的智能教育模式，如图 1–1 所示。

另外，一些重视创新的国际性企业和公司结合自身特色对未来智能教育提出构想，创建了智能教育框架，比较有代表性的智能教育框架如图 1–2 所示。这种新型的智能教育将更好地利用信息做出决策、预见可能存在的问题并主动解决问题，同时协调教育资源实现更有效的运作，从而推动可持续发展。

许多国家都在积极大力发展本国的智能教育。我国目前的智能教育还处在初步发展阶段，教学内容、教学组织管理、教学应用技术设备等都需要调整、更新，而同时学生在这种新教学环境中的学习行为也必将发生改变。学习行为不再局限于教室单一

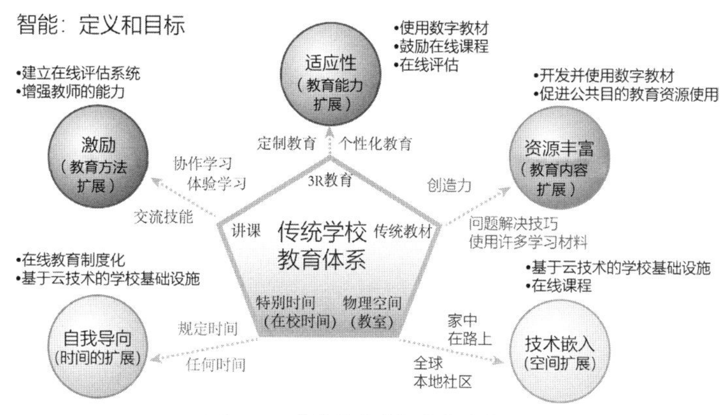

图 1-1 传统教育向智能教育转型

来源：HEINEMANN C，USKOV V L. Smart university：literature review and creative analysis [C]//USKOV V L，BAKKEN J P，HOWLETT R J，et al. Smart Universities. Concepts，Systems，and Technologies. Springer，2018：11-36. 作者改绘

的物理环境之中，而是与家庭、协同教育机构、网络虚拟学习空间等多层次环境相结合。由于学习内容的改变，学习行为过程中网络资源利用比重将加大，这也就意味着学生操作各种类型电子学习产品的机会将增加。Ospina-Mateus 等人研究表明，学生在使用笔记本电脑、平板电脑、智能手机等电子设备时最健康的姿势是坐在桌前。因此，无论教学环境如何变化，学习桌椅都是教学环境中不可或缺的一类重要产品，其形式会随着技术发展及功能需求的转变而不断调整与创新，但目标始终是适应变化中的用户要求。

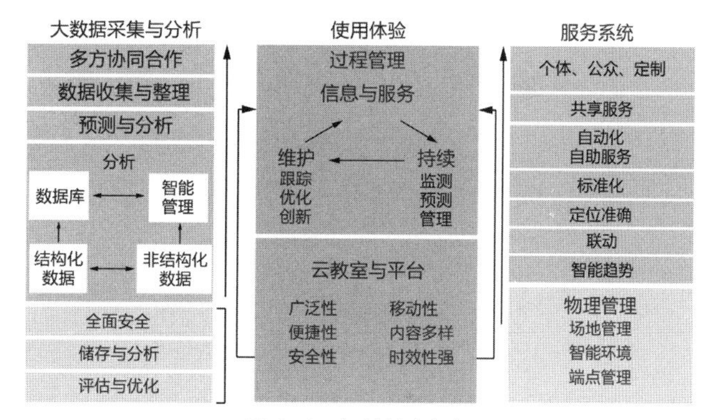

图 1-2 智能教育框架

三、办公桌椅市场现状及使用发展趋势

（一）办公桌椅市场现状

办公系统是在办公空间中进行人员组织、信息组织、设施组织的有效途径，办公桌椅是办公系统中的重要元素。灵活多变的办公桌椅可以高效地定义分割空间，办公人员可以通过标准化、模块化的桌椅基本组件完成个性化空间的搭建与自我管理，实现支撑、收纳、储藏、展示等功能。

办公桌椅的主要消费者包含各类公司、企事业单位、银行、证券公司、政府机构等，但随着居家办公群体的快速增加，个体消费者正在不断拓展原有办公家具消费市场。中国办公椅行业研究报告显示，近年来我国的办公椅占据办公家具市场份额不断增大，商业价值逐步提升。中国是全球办公家具的生产大国，但办公桌椅高端竞争力却相对有限，自有高端办公桌椅品牌少，缺乏如 Herman Miller、Steelcase、Knoll、Haworth、Kokuyo、Okamura 这样的国际一线办公家具品牌。现有国际高端办公桌椅在研发设计、制造工艺、材料创新等方面一直保持在领域的前沿，例如 Herman Miller 的“Embody”系列座椅采用点阵式承托，可以动态不间断地调整支撑度，实现与用户身体形态的完美贴合，这种自适应的座椅更加利于脊椎的健康，减轻用户的压力和不适，提高舒适度与工作效率。Herman Miller 的“Sit-to-Stand”桌子可以灵活调节高度，便于用户根据不同的工作场景和身体需求在坐姿和站姿之间轻松转换，积极引导用户改善久坐对身体的影响，实现工作效率与身心健康的动态平衡。技术的更新与突破，让更多传感技术能够融入办公桌椅中，可以记录用户的使用姿势和运动轨迹，分析用户的身体需求和健康状况，并在智能桌椅的细节服务中提供个性化的支撑和调节回应。技术创新已成为拓展市场空间的推动力。

办公桌椅市场在技术的变革中更加拓展，潜在市场和新兴市场前景十分广阔，越来越多的企业更加注重开发新技术提升用户的使用体验，以适应用户因办公方式变化带来的更复杂的综合性需求。而人们对于利用电脑办公和学习对健康的影响，也为市场带来更大的机遇，促进更多创新型和高科技办公桌椅的出现，使市场呈现出多元化和高端化的趋势。

（二）办公桌椅使用发展趋势

分析办公桌椅未来发展趋势，同样需结合全球办公大环境的发展，近年来，信息技术与智能技术的发展与快速渗透，不断改变着人们的办公模式，办公人员每天需要面对多样化的办公设备与海量的信息，同时线上办公摆脱了传统办公方式对工作地点和工作时间的限制。这些变化带来了用户对办公家具的升级需求。

工作环境的人性化、科技的创新融合、生产力的提升、身心健康的保证、多样化需求的动态适应将成为未来办公桌椅发展的驱动力。智能办公桌椅系统将搭建起更具创造性与舒适性的办公空间，这种空间更加灵活，具有移动性和个人化，便于信息、技术、人员的快速整合与组织协调。在智能办公环境中，传感技术可以及时准确地获取用户实时使用数据，提供人性化的交互体验。桌椅的灵活操控，实现坐姿办公和站立办公的适应性调节，从时间、姿势、心理及环境等多方面，建立桌椅与人体感知适应的动态联系，预防办公人员潜在的肌肉骨骼损伤、重复性运动损伤和视觉紧张等一系列问题出现，实现高效工作与健康办公的目标。

四、小结

本节在分别对不同类型桌椅的主要特征进行阐述后，选择拥有广泛市场的学习桌椅和办公桌椅两类家具，分别从市场现状和发展趋势两个方面进行分析，从中可以清晰了解到不同类型使用者对桌椅的创新需求及桌椅具有的广阔市场发展空间，进一步论证桌椅应积极利用技术创新，挖掘变化中的人机适应关系，以创造更为优质的细节服务为目标，满足人们因环境发展而不断变化的新需求。

第三节　使用行为变化与桌椅人机关系研究的重要性

一、使用行为变化及桌椅发展趋势

（一）使用行为的变化

社会的发展与技术的进步不断改变着人们的行为方式。计算机与网络在人们日常工作生活中的普及，使得人们常规书写的机会不断减少，阅读纸质书报杂志行为在日趋减少，取而代之的是使用台式电脑、笔记本电脑、平板电脑、手机等各种类型电子产品。这种改变不仅影响着人们的生活习惯、工作规律，也间接促进了相关产品功能的优化与更新换代。桌椅类家具属于人们日常书写阅读时使用的产品，当使用需求及使用行为变化时，桌椅等相关产品的设计自然应做出回应，可以体现在预设功能、结构、操控方式、造型、组合形式等多方面。回应的方式包含预设固定形式，以及根据使用者实时数据产生的动态变化的形式。家具产品的变化将再次影响人的使用行为，这种变化在动态持续发生。

根据斯坦福大学的心理学家福格（B. J. Fogg）提出的福格行为模型：B=MAT，其中 B 是行为（Behavior），M 是动机（Motivation），A 是能力（Ability），T 是触发（Triggers）。“动机”是人们想要实现的目标、期望和欲望，是推动人行为的内在动力；“能力”是人们完成行为所需要的技能、知识和资源，是人行为的外在条件；“触发”是指触发行为的刺激，可以是外界事件，也可以是内部感受，包括时间、地点、情境、情感等因素。福格行为模型认为，只有当 MAT 三因素同时存在时，人们才会进行特定的行为。如果其中任何一个因素缺失，行为将不会发生。在人们使用桌椅的行为中，MAT 可以理解为“动机”“易用性”“提示”。人们使用桌椅的动机及功能需求一直存在并不断变化，而桌椅产品在更新换代中易用性不断增强，当智能技术介入后，家具的研发人员开始更有效地设计“触发器”，以便及时产生行为提示，激发用户的动机和能力，从而改变他们的行为，如定时提醒休息、缓解久坐，坐姿矫正等。

除了利用动态“触发器”的设计来激活人们的行为外，智能技术带来了更多新的便利和创新，这些改变最终都将在 MAT 三因素上得以展现，进一步影响使用行为。

1. 自适应调节降低使用者的手动调节行为

智能桌椅可以使用传感器和算法来识别用户并自适应调节。例如，当用户坐下时，智能座椅可以自动调整高度和角度，以提供最佳的支撑和舒适度。这样的功能设置可以大幅减少用户调整座椅的需求，在提高舒适度的同时，提高使用者的效率和工作质量。

2. 健康提示改变使用者的坐姿行为

桌椅可以使用智能传感器来监测用户的姿势和活动。当用户久坐或姿势不佳时，智能桌椅可以提示用户改变姿势或调整活动。这样可以帮助桌椅使用者避免久坐和不健康的坐姿习惯，改善健康状况，提高工作效率。

3. 数据收集、分析和反馈提升使用者工作效率

智能桌椅可以收集用户的使用数据并将其与其他数据结合分析，例如用户的工作任务和工作负载。这样可以帮助使用者了解自己的工作习惯和健康状况，并提供个性化的建议和指导。而对于学生，智能桌椅可以收集其学习数据，如学习时长、坐姿变化、使用习惯，同时结合题目正确率等，提供个性化的学习建议和反馈。

4. 远程控制和连接提高使用者个性化的使用体验

智能桌椅可以连接到网络并通过应用程序或其他远程设备进行控制。例如，使用者可以使用智能手机或平板电脑来控制桌椅的高度和角度，或者通过视频会议软件来远程调节桌椅，以适应不同的工作环境和需求。这样不仅可以提高使用者的便利性和灵活性，还可以为不同使用者提供个性化的学习和工作体验，更好地满足个人的需求和偏好，从而提高工作、学习的效率和质量。

智能技术的功能创新不断影响着人的行为发展，而人的行为变化又再次推动技术更新迭代。两者之间保持着一种相互影响、相互促进的发展关系。

此外，除了上述学习及办公领域，人行为方式的变化，还涵盖餐饮、娱乐等多方面，这些方面的变化，使得餐饮娱乐中使用的桌椅也在悄然产生新的需求。更加细致人性化的服务型设计，利用大量实时交互数据，更加准确地为桌椅配备更多附加功能，以满足使用者在使用过程中的差异性需求。

（二）桌椅发展趋势

1. 构建智能功能系统

基于使用者的行为变化特征，智能技术将全面融入家居环境与智能办公环境的建设，一方面，是应用全新技术提高生活品质与工作效率；另一方面，是为使用者提供健康的行为引导及有效管理，实现人与环境的实时交互。人工智能技术的不断突破，实现对大量交互数据的实时分析，不仅能更加深入地了解用户行为习惯与动作特征，还能准确地对行为过程进行判断与预测，并给予及时回应。对使用数据进行准确分析和信息反馈，可以让桌椅形成一个完整的功能服务系统，使其能够围绕使用者行为发

展的全程提供全方位的服务。

2. 人机融合发展方向

桌椅类家具属于智能家居环境和智能办公环境的组成部分，人在使用桌椅的过程中，与桌椅形成持续性的接触，不仅方便智能环境快速获取用户的相关数据信息，还可以作为健康行为引导媒介，对使用桌椅行为本身做出回应或对所预测的下一步行为进行有效引导。使用者在桌椅系统提示下改变行为的结果再次作用于桌椅智能系统，新的数据进而产生新的预测与反馈。使用者与桌椅形成的这种持续性的交互，在智能技术的推动下，终将朝着人机融合交互的方向发展。

桌椅类家具的整体发展趋势，受到社会、经济、科技、文化等多种因素的综合影响，将不再仅限于传统物理意义上的家具，而是融合科技与智能，成为更具主动性的产品，并始终围绕使用者需求与行为方式而发展。因此，桌椅动态适配使用者行为及需求变化，建立与使用者、环境之间的动态人机适应关系是尤为重要的。

二、桌椅人机关系研究的重要性

（一）桌椅人机关系影响使用者健康

1. 生理健康问题

1）骨骼和关节问题

外国学者 Ramadan、Ismail、Trevelyan 等人的先后研究显示，在儿童期高发的背部疼痛等肌肉骨骼不适症状多源自儿童不正常的坐姿以及设计不当的学习家具。我国学龄儿童同样存在不同程度的各种身体不适症状，儿童脊柱侧弯、驼背增加显著，同时颈椎病发病人群趋于低龄化。这一问题在工作人群中同样存在，长期不正确的坐姿会造成人体骨骼负担，导致腰椎、颈椎、背部等部位的疼痛、僵硬等问题，尤其是使用不符合人体工程学的办公桌椅更容易产生身体不适，例如桌椅高度与使用者不匹配，会导致膝盖长时间弯曲或者伸展，造成不必要的身体损伤；长时间使用鼠标、键盘等办公设备，而桌面对手腕没有合理支撑，容易引起手腕疲劳和疼痛。

2）肌肉问题

长时间的静坐和不正确的坐姿会导致肌肉问题，如肌肉疲劳、僵硬和萎缩等。这些问题会影响身体的协调性和灵活性，严重时可能导致肌肉痉挛。一些学者通过研究指出不良工作姿势和长时间反复操作是颈肩部紧张性损伤和疲劳的主导危险因素。这一点在视屏终端（Visual Display Terminal，VDT）作业者中较常见。

3）循环系统问题

久坐行为可能导致循环系统问题，如静脉曲张、深静脉血栓等。这些问题可能会导致脚踝肿胀、腿脚疼痛等。久坐还可能促使血液循环减缓，日久会使心脏机能衰退，引起心肌萎缩等病症。

4）其他问题

不正确的坐姿可能会导致肺部功能减退和呼吸困难，出现气短和疲劳症状。不良的坐姿和久坐还可能引起视力问题，我国小学生视力不良检出率为28%、初中生为60%、高中生为85%，而且有不断上升的趋势。

2. 心理健康问题

桌椅人机关系不佳会导致心理压力问题。例如桌子尺度太小，使用者可能会感到拥挤甚至心理不适，这可能会导致焦虑和压力；桌椅人机关系欠佳会导致不正确的姿势和态度，甚至影响心理健康。例如椅子不稳定，使用者可能会感到不安和疲劳，进而影响他们的心情和情绪；如果使用者因桌椅人机关系原因不能在舒适的状态下办公或者学习，可能会降低他们的自信心和创造力，同样影响心理健康。

如何通过优化桌椅的人机关系来改善办公学习环境，是一个非常重要的课题。使桌椅满足变化中的使用需求，符合人机关系发展要求，可有效减少使用者的身心不适，提高工作学习效率和生活质量。

（二）桌椅人机关系影响使用者工作学习效率

1. 桌椅人机关系特征与人体疲劳感

适宜的桌椅高度和角度可以有效降低用户疲劳感。当桌椅高度和角度与使用者身体特征及任务要求不匹配时，使用者就可能会出现不舒适的坐姿，在持续一定时间后会增加人体的疲劳感，甚至可能导致肌肉骨骼疼痛。为了避免这种情况，需要充分考虑桌椅的人机关系，让使用者可以保持舒适、正确的坐姿。

2. 环境特征与工作学习效率

适宜的环境可以提高工作效率，增加工作满意度。桌椅作为营造工作环境的主体，良好的人机关系会形成舒适的工作环境，身处其中的人员注意力将更容易集中，情绪稳定，能够更加专注于工作和学习。因此，良好的桌椅人机关系能够有效减轻工作压力，改善心境，提高工作满意度，促进生产力和效率提升。

（三）智能技术介入对桌椅人机关系的影响

智能技术融入家具领域，带给使用者全新使用体验。一方面，可以促进高效健康的办公、学习、生活环境的实现；另一方面，还可以让使用者通过多种感知和交互方式，自然、智能地与办公桌椅等家具进行交互。

语音识别和指令控制、手势识别和控制、摄像头感知用户需求等越来越多的非接触交互方式，使办公桌椅更加智能化和个性化。智能家具通过多种传感器和智能算法，对使用者的行为、健康、情绪等进行更精准的监测和分析，带来全新的人机关系的发展。因此，在大力发展智能家具时，需要对家具带来的新型人机关系进行系统分析，以便为智能家具的创新提供更加准确的数据支撑。

三、发展中的规范要求与人机适应相关研究

（一）规范要求

1. 学习桌椅规范要求

国际标准化组织（ISO）于 1979 年、2008 年发布了学校家具设计指南 ISO 5970、ISO 7250-1（2008）标准，此外，各个国家还会依据本国儿童的人体工学特征制定自己的标准，如英国（BSI，1980 年、2006 年）、智利（Inn，2002 年）、哥伦比亚（Icontec，1999 年）、欧盟（Cen，2012 年）、日本（JIS，2011）、韩国（KIS，2015 年）和中国（GB，2012）。我国是在 2012 年颁布了全新的国家标准《儿童家具通用技术条件》GB 28007—2011。这也体现出我国对儿童家具产品管理更为规范化，社会各界对儿童家具的发展开始给予更多的支持与关注。在《儿童家具通用技术条件》GB 28007—2011 中，明确了儿童家具的术语和定义及相关标准。儿童家具是指设计或预定供 3 ~ 14 岁儿童使用的家具产品，标准分别从结构安全、有害物质限量、阻燃性能、警示标识等方面做出了规定。

此外，我国卫生部于 2002 年颁布《学校课桌椅功能尺寸》GB/T 3976—2002。标准规定教育机构需从小学到高中为孩子配置 10 种不同高度的书桌，有条件的要配备可升降书桌。这些相继出台的国家标准都在不断加强对儿童家具安全可靠性的监管。具体要求包括外观、理化性能、安全、警示标识等，但多是从桌椅自身极限特性出发，有一些保护儿童身体安全的内容，并非全部。这些内容一定程度体现出儿童的人机适应要求。

2. 办公桌椅规范要求

国际标准化组织 ISO/TC 136 通过制定家具领域的国际标准，对家具的性能、安全、尺寸要求、特殊部件的要求、测试方法进行了明确的规定。例如，ISO 21015—2007 规定了办公家具中的办公椅稳定性、强度和耐久性的测试方法，ISO 21016—2007 规定了用于确定所有类型的办公桌的稳定性、强度和耐用性的测试方法。

（二）桌椅人机适应特性相关研究

1. 智能环境下桌椅人机特征相关研究

1）智能桌椅如何实现动态监测功能以保证用户坐姿有效管理时的可靠性。

大量医疗领域的专家研究证明，久坐对成年人及青少年人群有危害，希望通过有效措施减少久坐行为的时间或者调整久坐的行为方式。一些交叉领域的学者从不同的专业视角提出自己的解决方案。Rahul 等人探讨智能物联网座椅，通过开发家具专用的可嵌入式传感器以减少商用传感器的局限性，并建立智能物联网座椅系统，系统用倾斜和压力的形式表达用户的坐姿，利用智能手机应用程序记录和可视化用户的姿态，以便进一步纠正用户的不平衡姿态。此后，相关的实时坐姿智能监测系统不断被学者

提出并开展实验研究，如 Anwary 等学者研究的坐姿实时监测智能垫。

在这一大类近似的研究中，桌椅成为检测工具的组成部分，通过配备于桌椅表面的各类传感装置，获取数据进行识别判断。在获得坐姿数据的方式上，学者们都希望利用智能化的新技术更为及时准确地采集用户的动态身体数据，现有的研究包括加速度传感、压力传感、红外线深度传感数据分析等方法，并且这些不同种类的坐姿探测方法正随着技术的发展而不断创新。

在利用压力传感方面，Martins 等人通过装置在坐垫上的压力传感设备采集信息并进行坐姿分类，训练座椅自动判断识别使用者的 11 种常见坐姿。而针对各种坐姿，设计人员及人机专家就可以进一步提出更合理的桌椅调节方案。近年来不断出现的智能监测不再像以往的坐姿监测需要大量的人力、物力和时间去获取数据，而是不断借用更多交叉学科的技术与知识，让融入家具中的传感器实现对用户及时、全面、准确的监测，而这些交叉领域的技术与方法也逐步被纳入家具人机研究之中。Silvia Rus 等人探索将智能服装的材料集成到家具中，这种配备了织物电容传感元件的软体家具性能更优，能够跟踪人体骨骼运动，测量更为精细的姿势。同时，结合使用者的其他生理信号，如呼吸检测等，可以对用户的使用状态提供更全面的分析和评估。在使用红外线深度数据分析用户坐姿方面，近年来国内不同领域的学者开始使用如 Kinect 等工具实时采集用户的红外线深度数据，在空间中定位并识别用户肢体动作，同时计算判别角度及距离，这种方法可以有效地获取人们坐姿过程中的身体变化，孙辛欣应用这类识别方法对办公座椅的坐姿行为进行了聚类与分析。陈文哲探讨了基于 Kinect V2 的坐姿识别系统。

计算机专业领域、人机交互领域的专家学者都在尝试应用各类智能化方法获取更精准的数据。大量全新技术的出现将为人们提供更加合理的桌椅使用人机适应方案，而监测使用者身心适应状态也将是现有智能桌椅研究的一个方向。

2）探索智能桌椅的动态适配过程及可行性。

利用所获得的用户实时数据实现桌椅的智能人机适配是当前备受关注的研究内容之一。例如，通过改变气囊坐垫的气体量达到适当分散并减小久坐姿势下臀部压力的目的，实现人机协调。现有产品 INNERNEED 3D 立体气囊坐垫提出气囊气体动态流动的概念，虽然还没有实现智能调节的功能，但这种动态的趋势将在未来得到快速发展与应用，因为现阶段气囊形式的智能化调节方式在床垫等软体家具中的使用正在被关注。一些学者对久坐时间及身体主要部位的反应进行关联性的研究，在智能人机适配中提出限时或者监测到眼睛等身体部位疲惫时，改变桌椅的高度和角度的方案，以达到提醒使用者调整久坐的姿势，或适当休息四肢及眼睛的目的。各类实验及理论分析都在不断试图提出更好的解决方案。

目前，各领域学者对学生类智能家具的研究还处于初期，随着智能技术在世界范围内的迅猛发展，涉及学科越来越多且相互交叉，对人的日常生活的影响将越来越大。智能家具研究的深度和广度将持续发展，在这一大类研究中，受教育环境智能化影响较大的学习桌椅与儿童身心等因素之间的新型人机适应关系应给予重点关注，以保证未来儿童学习家具智能功能开发拥有可靠的人机数据。

2. 桌椅基础人机特征相关研究

学生作为桌椅使用者中生理和心理变化最明显的群体，年龄跨度大，人机适应特征明显。因此，本书侧重于对学生群体与学习桌椅人机相关研究的分析。

1）与学生桌椅相关的人体测量标准方面的研究。

儿童身体尺度与桌椅相匹配的重要性在不同时期一直被国内外学者所关注。在世界范围内，可以看到大量关于学生人体测量特征方面的研究。这些研究给家具开发提供了最新的、安全可靠的人机依据。

各个国家大都制定了本地区的标准，但基本未考虑学生人体测量中的特征差异。Carneiro 指出同一国家的小学中，同一年龄的儿童的身高也存在较大差异，差异可达 200mm。然而一般学校多是按照年级布置统一的学习桌椅，未考虑同一年级学生实际身高差异。早在 1988 年，Evans 等人研究指出，人体测量中的身高是桌椅类家具设计主要参考的数据，大多数国家学生家具的选择标准也是以学生的人体测量身高尺寸作为参考。

一些学者在研究中发现，按照身高匹配的桌椅没有真正实现人与家具的尺寸适应，在此基础上出现了许多探索更合适尺度标准的相关研究。LEE 分析了韩国小学家具和当地儿童人体测量数据之间不匹配的情况，尝试通过新的算法提出了设置 5 个尺度级别的全新桌椅高度系统，以符合本地区儿童身高特征。陆剑雄对无锡中小学普通教室课桌椅设计的人机工程学进行研究，通过体压测试，验证桌椅高度与人体坐高匹配的重要性，并结合数据提出学校课桌椅配置实施方案。何妍对现有中小学课桌椅使用状况进行调查研究，结合人体尺寸数据测量与处理，提出了中小学生课桌椅的功能尺寸标准：可调桌面高 H_{max}=750mm，H_{min}=420mm；可调座面高 H_{max}=490mm，H_{min}=280mm；抽屉高 120mm；桌面宽 600mm；桌面深 400mm；座面倾角 –5°；靠背倾角 95°；座面深 230mm；座面宽 370mm；靠背上缘距座面高 220mm；靠背点距座面高 150mm；靠背下缘距座面高 110mm。多国学者的研究结果都说明，儿童生理特征中的身高差异需要多个高度调节级别去适配来实现人机适应。

2）与学生桌椅适应性相关的儿童心理、认知及坐姿等行为习惯方面的研究。

Verhaegh 等人研究证明，8 ~ 10 岁儿童使用有形的电子桌面可以培训和评估其非语言技能。这也体现出桌椅常常会与儿童成长过程中的心理认知和生理成长产生一定的联系。而面对智能学习环境的发展以及智能技术的普及，学习桌椅与电子设备结合成为一种新的发展方向，随之而来的是大量新技术与新材料，如触摸技术、操纵性互动材料等的使用，因各种新型交互方式的植入以及大量信息传递功能的出现，桌椅可能会成为培养儿童认知的一个重要工具。在交互模式的选择方面，Carneiro 指出年龄和性别是两项重要因素，例如男性触摸屏幕的力度和手指区域更大，女性更容易进行面部情绪识别。这些都可以成为未来桌椅智能适应功能的依据，桌椅带有的识别设备可以依此进行性别判断，进而提供与性别等因素相适应的人机特性。

学习桌椅在伴随儿童成长过程中更重要的作用是帮助儿童养成良好、健康的行为习惯，这种行为习惯将会直接影响其成人以后的身心状态及行为方式。国内外人机工程学、医学、心理学等领域专家学者对儿童的学习行为、坐姿行为等进行过不同程度的研究。在关于久坐行为与身体健康之间的关联性研究中，Köykkä 等人指出过度的久坐行为对 5 ~ 17 岁的儿童和青少年会产生不利影响，如体重指数超标、体质下降、自尊心受挫以及成绩下滑等，坐姿行为更是直接影响骨骼和肌肉的生长，如儿童期因坐姿不当造成肌肉疼痛，成人后患肌肉骨骼疼痛概率高于其他人群。大量研究证明久坐有危害，目前已有多个国家通过优化教学内容及课堂组织方式等方法来尝试改善小学课堂中的久坐行为。

学习过程中除了久坐的行为，还有习惯性不健康的坐姿。导致习惯性坐姿的因素有很多，包括性别、性格、年龄、作业性质与内容、环境、桌椅特征等。其中，桌椅特性是相对容易人为调整控制的因素。使用者体态特征与桌椅高度、倾角不适应会影响坐姿行为，Bejia 等人提出通过升高座椅高度并向前倾斜实现较舒适坐姿，即躯干与大腿夹角 135°。Murphy 等人提出调整桌面倾斜角度来实现舒服坐姿，而 Fettweis 等人则提出使用动态调节坐垫等方式来实现健康坐姿。

各国专家学者关于桌椅与使用者具体坐姿的研究始终没有中断过，随着技术的发展，将持续有新的方式引导人保持动态的健康坐姿。使用者人体生物特征与座椅的刚度、温湿度不适应同样会影响坐姿行为。刚度是座椅的重要物理特征之一，坚硬的椅面会带来使用者体压的不适应，若持续较长时间，便容易出现身体扭动等情况，影响学生的坐姿健康及学习效率。此外，坐姿与儿童视力健康有着一定的关联，坐姿端正，头部距离桌面或者书本 30cm 左右比较合理。健康的坐姿需要根据个体身体特征、结合作业任务及持续时间动态调整，人与桌椅的坐姿适应是一个动态变化过程，并非一次适应就能完成。

总之，桌椅在不断的发展过程中，不再是一个孤立的家具个体，而是已具有主动性，与使用者共同构成一个系统。这个系统的建立首先是要达到相互的适应与匹配。这里包含桌椅满足使用者的基本需求，能够在使用者身体生理尺度上达到适配，不会因桌椅尺寸不合理带来使用者身体健康方面的隐患。在使用行为发生过程中，尽可能满足人的多样化功能需求，桌椅不仅仅起到支撑身体的作用，更是使用行为的综合载体。例如，对于办公室工作人员，桌椅构成的工作区域要提供持续性的办公支持，涵盖支撑身体、收纳物品、集成电子控制、辅助采光控制、温湿度调节、身体舒缓调节等诸多内容。此时的桌椅成为使用者与外在环境交互的中介，因此准确了解使用者的实时状态，建立合理的桌椅人机适应系统十分必要。

四、小结

本节从使用者行为变化入手，结合福格行为模型，分析智能技术对桌椅使用者行为可能产生的主动性影响，揭示人们行为变化与桌椅发展的关系，并归纳总结桌椅发展趋势。

同时，为了更好地阐释桌椅人机关系研究的重要性，详细分析了桌椅人机关系对使用者身心健康及工作学习效率等多方面的影响；智能家具在发展过程中，不断产生新型人机关系，需要学者持续深入探讨研究的现状；在大量文献研究的基础上，明确了学习桌椅和办公桌椅在人机特征方面已有的国标规范及各国国家标准；最后，又从智能环境下桌椅人机特征和桌椅基础人机特征两个方面对国内外相关研究进行了梳理归纳总结，以期为桌椅人机适应性的后续研究奠定基础。

本章结语

本章主要从基础层面对桌椅的概念、发展历史、类型、市场现状及发展趋势进行概述，逐步引入研究主题——桌椅人机适应性，确保研究的科学性和完整性，有助于更好地理解人与桌椅的关系，理解桌椅人机关系研究的现状及持续研究的必要性。

桌椅是我们日常工作、生活、学习每天都要使用的产品。回顾桌椅的发展历史，无论造型、结构、风格特征如何变化，从根本上都是在不断调整去适应外在环境的要求，满足不同历史时期、不同地区各阶层人群的具体功能及审美等多方面需求。

在桌椅的发展过程中，随着市场的健全，桌椅分类逐渐细化，不同类型的桌椅具有了差异化特征，并随着外界变化而保持动态调整，而人的使用行为也随着时代发展和技术变革发生了巨大改变。一切事物都在发展变化中，桌椅与人之间的关系也同样在动态调整，这就需要我们在前人研究的基础上，能够系统性综合分析影响桌椅人机关系发展的原因及因素，分析研究其运动规律，为智能技术介入后的桌椅人机适应性设计创新提供有效的数据支撑和保障。

第二章
桌椅的人机适应性解析及构成因素分析

第一节 适应性的阐释

从桌椅的发展历史可以看出，桌椅的发展过程是一个持续适应的过程。这个过程中要适应的对象多种多样，包含社会环境、经济环境、技术环境、使用者行为方式、使用功能需求、审美功能需求等，这些适应对象之间又有着复杂多变的关系，需要仔细分析辨别。而在辨识之前，首先需要了解什么是“适应”以及适应的具体特征。

一、“适应”的含义

“适应”的英文为 adaptation，来自拉丁文。其含义包括：①适合、拟合的动作行为或过程、变化；②调整事物应对新环境；③适合的状态与条件等。“适应（適應）”，在现代汉语中是一个复合词，在《辞源》中有对“适（適）”和“应（應）”单独详细的阐释。“适（適）”具有以下含义：①往；至。《诗·郑风·缁衣》引申为归向。②适合；凑合。③舒适；畅快。④正；恰好。⑤满足；安适。⑥只；仅。“应（應）”具有以下含义：①答复；许诺。②应和；应付。③相应；适合。④随着。通过上述两字字意的解释，可以看出“适（適）”在一定程度上具有“动、主动”的意义，而“应（應）”则表现出回应的含义。两个字组合，也体现出相交互的特征。

《辞海》对“适应”一词的解释：①恰巧应验。②适合客观条件或需要。③生物在生存竞争中适合环境条件而形成一定性状的现象。④个体随环境的变化而改变、调节自身的同时，又反作用于环境的互动过程。分为感觉适应、认知适应、社会适应。无论是对“适应”的英文词语解析还是中文解释，都显现出词语的生物学渊源，更体现出主体与客体之间相辅相成的整体系统性。

二、不同领域视角下的“适应”

（一）生物学中的“适应”

“适应”一词最早来源于生物学，查尔斯·达尔文（Charles Darwin）曾在 1859 年出版的《物种起源》中阐述生物与环境的关系。他认为生物体通过适应环境以增强自身的生存与进化，同时环境选择有利变异并经过积累促成生物体功能和状态的发展。二者本质上是主客体的共存与互动。环境会在动态中对生物进行选择，这就使得生物体在成长过程中面临着一系列的挑战，并且随着对环境的响应而不断获得发展。因此，它们所表现出的适应具有可塑性特征。

“适应”所代表的是一个持续发生的过程，体现着生物体的多样性、选择性和妥协性。在面对环境的变化时，这种适应性特征可以体现在结构上、生理上或行为上，即生物体可以通过改变结构、生理上做出调整或者改变已有行为来逐步与环境相协调，以达到自身的维持和进化。达尔文的进化论获得了不同领域学者的关注，产生了广泛的影响。而“适应”概念也不只是局限于生物学领域，随后在更多领域获得了扩展，见表 2–1。

不同领域适应的区别　表 2–1

类别	生物适应	心理适应	医学适应	文化适应	桌椅人机适应
地位	起源	拓展	拓展	拓展	拓展
主要表现	生理机能	心理认知；个体行为	生理机能	心理认知；社会行为	个体行为；心理认知；生理机能
特征	可塑性；标准选择适应	机体内部调节；连续适应	人为主观控制；标准选择适应	自组织结构；多渠道适应	自发调控；动态连续平衡；持续发展
实现方式及速度	依赖数代繁衍与积累；速度慢	依靠平衡作用促使机体调节；一般速度	依靠主观预测；相对快速	依靠传承与创新；短时快速	依靠主观或智能调节；非常快速

（二）心理学中的“适应”

心理学中的“适应”，通常是指感觉适应，即人体的各种感觉器官在刺激持续作用下产生的感受性变化的现象。例如视觉具有暗适应和明适应，同样嗅觉、听觉、肤觉、味觉也有适应现象。人体的感觉接收器对恒定不变的刺激几乎不做反应，这种现象就是感觉适应。

人在成长的不同年龄阶段，身体器官及认知持续发生着适应性变化。这种适应不仅仅只是成年人才具有的特征，心理学家皮亚杰（Jean Piaget）提出儿童认知适应理论，他认为儿童的认知发展就是心理结构对自然和社会环境的适应过程，而且是儿童通过自己的活动、试验和发现进行的主动的、建构性的适应过程。这一过程是在不断运动变化中达到平衡的状态。皮亚杰所提出的这一适应包括同化与顺应两个阶段：同化（Assimilation）是指把客体（外在环境因素）纳入主体（儿童）已有的行为图式中，以加强和丰富主体的动作；顺应（Accommodation）则是指主体（儿童）改变自己已有的行为图式或形成新的行为图式以适应客体（外在环境因素）的变化。

同化和顺应两个阶段伴随人的成长，并在人认识适应过程中同时存在，两者相辅相成，缺一不可。两者共存的关系产生了平衡（Equilibrium）。平衡并非达成后固定不变，而是在内外条件的变化中会随时发生改变，当平衡被打破时，主体的机能就会自动调节，努力达到再一次的平衡。同化和顺应形成的动态平衡推动着主体认知能力的发展，实现人与环境的适应交互过程。

（三）医学角度的“适应”

近年来，医学领域出现了发展迅速的“适应性设计”（Adaptive Design）。其主要用于探索性和验证性临床实验，具体做法就是将更大比例的参与者分配给效果较好的治疗组，减少表现不佳的治疗组参与者的数量，并加大实验的剂量范围，以便能够用较短的时间选择有效的验证性研究阶段的剂量。其最终目的是快速寻找安全有效的药物剂量，或者探讨剂量反应关系。

这里的“适应性”主要是指：在对实验本身积累的数据进行分析的基础上，以完全盲态或开放的方式，对正在进行的实验的未来过程进行前瞻性计划的改变，而不损害结论的统计有效性。此时医学实验中的“适应”强调的是一种基于数据的预测以及主动性的匹配与满足。有意识地将预测的“适应”特性引入实验中，让更广泛的“适应”加速预期结果的出现过程，并且不违反统计规律。这在一定程度上体现出基于数据的人为主动性行为用来简化适应过程的方法。

（四）文化中的“适应”

文化随环境的改变发生着变迁，而“适应”正是文化变迁的推动力。人作为生物完成对自然环境适应的同时，也不断进行着自身的精神活动并创造着大量的精神产品。这些文化行为的发生与环境存在着一定的联系，其中包含对环境的适应及主动改造过程，这一过程同时也加速着文化的进化。

人类文化的涵盖面极为广泛，包含历史、地理、风俗、生活方式、工具、观念制度等，这些具体的内容都能够以不同形式表现出相对独立的适应性，但在整个社会大环境中又彼此相互联系，互相影响。文化通常表现为一种群体行为，具有多样性和复杂性。其所具有的适应属性可以通过学习获得，也可以以不同的方式进行传播。群体中的个人凭借主观能动性，在传承文化的同时也在不断调整与创新，以实现短时间对环境的快速适应。此外，在整个人类文化的发展中，技术带来的变化对于适应能力的提升有着巨大的推进作用，技术的应用方式更是带来更大的适应拓展空间。

“适应”的应用范围和领域并不局限于以上表述的这几个方面，“适应”代表着一种运动发展的过程，同时是事物发展的内在推动力。“适应”也可以理解为一种认识世界、改造世界的方法，这样便可以用“适应”的确定性去理解事物发展中的不确定性。因此，把握“适应”的内在本质含义是必要的，同时为后期桌椅新型人机关系研究奠定基础。

三、小结

本节研究的重点是重新认识“适应”一词，从《辞源》《辞海》内对文字含义的注释开始，拆分理解每个字的含义、组合后词语表达的意思。从“适应”一词的最早来源生物学中阐释的意义开始，逐步揭示“适应”的本质，对比“适应”在不同领域中的应用、表现形式、差异化的特征、实现的方式及速度。体会理解“适应”所代表的多样化含义，挖掘其背后蕴含的本质和关联属性。

“适应”可以应用在不同领域，从自然界到人造物，其蕴含的力量应该被我们更深入地理解和重视，它代表的不是一个简单的行为，而是自然界运行的内在规律。不同的事物都在适应中发展，在发展中适应外界变化，正如《生物起源》中阐释生物与环境的关系，“适应”一词一直在传递着共存规律，是主客体相互联系、相互作用的过程。我们可以站在不同的领域，从不同的视角重新审视和理解“适应”所代表的含义，以及“适应”在该领域中的发展过程，这时候便会对事物产生不一样的理解和对应方式。

面对智能技术的发展以及其带来的颠覆性改变，人们必将与周围的事物产生不同于以往的联系。但无论人与外界环境之间的关系如何变迁，只要真正理解“适应”一词，理解其代表的意义，把握其本质和发展规律，就可以以合理的方式对外界的变化进行回应。同样在面对不断变化的人与桌椅之间的关系时，可以借助“适应”一词，准确定义使用者的位置与角色，重新梳理两者间的共存关系，挖掘其内在发展规律，并把握发展重点，以便建立更为持久健康的桌椅新型人机交互关系。

第二节　桌椅的人机适应性及其特征

一、桌椅“适应性”的含义

桌椅作为一种日常学习工作和生活用品，其所体现的“适应性”是在上述生物学、心理学等多学科“适应”的基础上，进一步拓展且更具体的一种适应，所蕴含的意义与生物学和心理学层面上的“适应”保持一致，但同时具有自己的独特含义。具体含义如下：

（一）连续交互的过程

本书中所阐述的桌椅人机适应代表的是一个过程并非一时的状态，主要是指人与桌椅之间共同构建的相互适应的过程。这种适应不同于传统家具人机工程学中依据人体特征单向定义桌椅功能，使其适应目标用户，或要求使用者被动适应桌椅预设功能。新型的桌椅人机适应，综合考虑了主体人的因素、以桌椅为代表的更全面的环境客体因素，以及双方因素之间的交互共存关系。在这种交互共存的适应关系中，两者之间适应性的主导地位在动态中持续交替，构成一个连续交互的适应过程。

（二）持续发展变化

桌椅的人机适应是一种持续发展变化的关系，并且一直在动态调整之中。以学习及办公使用的桌椅为例，教育环境的持续发展，改变着学生的学习行为。不同年龄阶段学生的学习内容、学习方式和日常所使用的学习工具，都会随综合环境的发展和技术的创新而变化。与此同时，整个学习过程中的坐姿行为开始变得多样化，学生与桌椅之间产生的适应性交互与认知过程也更丰富。同样，办公使用的桌椅也在悄然发生着改变，这种改变与使用者办公内容及办公行为的持续变化紧密相关，社会信息化程度的不断加深，让人们更为频繁地使用网络进行办公，相关电子信息设备不断出现并更新迭代，办公的强度及效率也随之提升。人坐在桌前的时间增长，桌面上的物品也更加多样，而人的坐姿和上肢活动范围及频率也会相应调整。

这说明人与桌椅之间的适应关系同时与环境保持着紧密联系，教育环境、工作环境、技术环境、经济文化环境等综合环境因素对其产生着不同程度的影响。现实中的综合环境从未停止过自身的发展变化，这势必带来人与桌椅之间适应关系的联动改变，并且保持持续的调整状态。

（三）可预测与主观引导

桌椅的人机适应是一种可预测、可以主观引导的交互关系。各类技术的发展，可以使无生命的产品实现对人类行为的感知，利用传感技术实时跟踪采集用户信息，并对这些大数据进行分析与计算，作为与人类产生行为交互的反馈依据。这种基于数据的适应性，不仅能够应对双方已经发生的变化，还可以根据实时产生的大数据以及长期的经验性数据，进行适应性变化的提前预测，在预测的基础上事先做出主动性的调节，以缩短随后的适配过程，为使用者下一步的变化做好准备。

（四）自发性的交互过程

桌椅的人机适应将是一种自发性交互适应过程。智能环境下的桌椅可以通过自我学习获取人机适应的属性，因为技术的创新能够使桌椅准确地动态追踪识别用户状态，同时机器学习的发展以及算力的提升，还能帮助桌椅学习人的行为，更快地构建预期的适应。此外，技术的合理应用还能降低人们适应外在物体及环境的难度，缩短适应所需的时间。这种自发性的交互适应代表着现阶段以及未来一段时间内，智能桌椅发展的趋势，使用者、家具及环境一同构成了一个和谐共生的完整系统。

二、不同功能桌椅的人机适应性特征

传统的桌椅人机特征往往是以人体测量学数据为参照，以设计满足使用者身心需求的桌椅产品为目标，强调桌椅与人的匹配性，从人的生理、心理、认知、行为等角度分析人—机—环境的关系。它所代表的是传统人机工程学（微观人机工程学）的范畴，如图 2-1（虚线框中内容）所示。

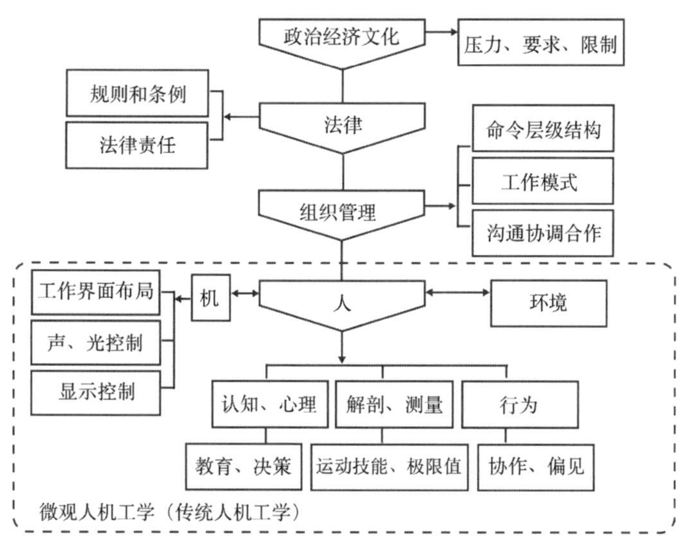

图 2-1 信息时代的人机工程学

来源：郭园，申黎明，时新，等. 信息时代背景下的人机工程学研究进展 [J]. 人类工效学，2016，22（1）：83-86.

本书中桌椅“适应性”的提出是在信息时代大环境背景下，所涉及的是一个更广泛的人机影响范畴，强调的是桌椅使用者与桌椅之间构建动态平衡的过程。这种平衡关系受到环境总量的影响，具有连续动态平衡性、持续发展性、自发调控性的特征，如图 2-2 所示。

首先，桌椅的人机适应具有连续动态平衡特征。以中小学生使用者为例，学生在使用学习桌椅之前，可以进行规定性的设置调节，包括高度、角度等常规设置，使桌椅能够凭借适宜的状态满足目标使用者的实际需求，实现人们期望的适应效果，而使用者则可以在相应的一个时间段内获得身心较佳的状态，便形成了人与桌椅之间相对稳定的平衡关系。人作为生物，自身的状态持续变化，在使用桌椅的过程中，会随时间延长出现如疲惫等各种变化情况，两者之间初始的平衡状态并不能一直持续，这种平衡势必被人与桌椅的内外因素所打破，这也意味着短期适应状态的停止。之后，人可以通过改变自身姿势或者调节桌椅，主动寻找再一次的平衡点。这类适应性调节需求不仅存在于学习行为发生的过程中，办公等不同使用场景下也会出现，这说明连续动态平衡是

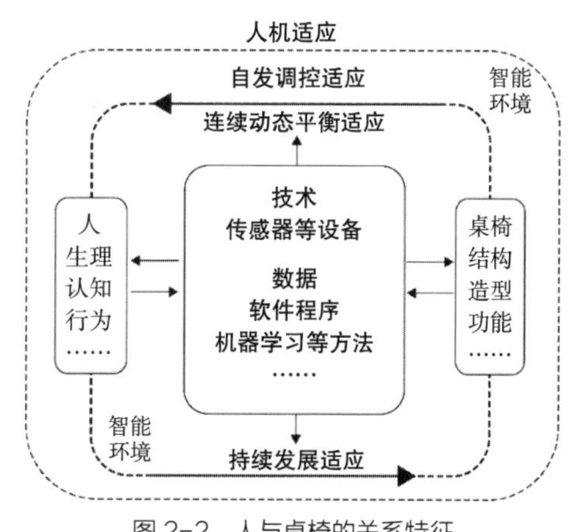

图 2-2 人与桌椅的关系特征

所有桌椅系统都需具有的人机适应特征。而智能环境下桌椅同样可以根据追踪识别用户状态，进而发生改变，以引导使用者共同创造新的平衡。人与桌椅之间相互关联，各自的影响因素又互相重叠交织，共同对适应过程进行调控，使得人与桌椅之间连续动态平衡的人机适应得以实现。

其次，桌椅的人机适应具有持续发展特征。本书中的人机适应不再停留于微观人机工程学层面的人体尺度匹配，而是与宏观大环境、微观小环境都存在关联性的一种发展过程。政治经济文化的发展促进其不断变化，技术的创新更是直接推动其发展。身处大环境中的使用者不断改变着实际需求与具体使用行为，而桌椅为了能够提供更为适宜的适应性引导，就需要依据这些变化不断调整发展。桌椅所具有的这个持续发展的人机适应特征，将有效地促进人机共生系统的构建，强调的都是人与桌椅所构成的系统的整体性。

最后，桌椅的人机适应具有自发调控性特征。感知是双方相互适应的前提，人具有主观能动性，可以通过五感和意识活动判别桌椅的状态与变化。而智能技术可以赋予桌椅类似的感知与判断能力，进而了解使用者的具体行为及其含义，桌椅如能顺利完成这一自动化的交互过程，便拥有了自主调控的基础，人与桌椅双方都可以进行适时的改变，并根据对方给予的反馈进行下一步的计划。人与桌椅交互的过程是双方自主适应的过程，双方的目标皆是使用者身心的健康发展。适应的这种自发调控特征，会随着技术的创新不断优化，具有可塑性和选择性。

三、桌椅人机适应性的实现方式及速度

桌椅人机适应涉及心理、医学健康、技术等多方面因素，并不像生物适应那般单纯依靠生理机能完成调整过程。因此，桌椅人机适应实现的形式既可以是依靠人体身心平衡作用促使机体调节，或个人根据自身需求主观推动相关适应，实现速度较快；也可以是在智能算法、传感技术、机器学习等多个领域的技术协同后，对适应状态和需求给予准确预测和有意引导，加速桌椅人机适应过程。具体的实现形式和速度要参考具体桌椅类型、使用环境、实际需求等多种因素，具有可选择性。

四、小结

在前期对“适应”含义重新解读的基础上，本节从家具领域视角探讨桌椅人机适应性的含义。桌椅的人机适应性主要体现在 4 个方面：人与桌椅之间共同构建的相互适应的关系；人与桌椅之间持续发展变化的关系；人与桌椅之间可预测、可以主观引导的交互关系；人与桌椅之间自发性的交互关系。在此基础上总结不同功能桌椅具有的共同人机适应性特征。

本节从桌椅类家具出发，重新审视桌椅和人在交互过程中的相对位置和主观能动性的作用，进一步探究桌椅与人之间不断变迁的关系，有助于更好地理解桌椅各种基础属性不断调整的原因及发展趋势，更好地把握设计重要节点。

第三节　桌椅人机适应性的基础条件概述

一、人—机—环境

本书中涉及的人机适应是指具体使用行为过程中人与桌椅之间形成的动态交互适应关系，这种适应性同时体现着人、社会、环境三者之间的紧密关系，如图 2-3 所示。桌椅作为一种家具产品，以物质实体的形式呈现，具有功能、造型、结构、材料等基本属性，连接着人与环境；同时桌椅产品具有一种符号特性，被人们赋予了主观情感，成为人们抽象情感的外在表现形式，并客观展示出来供人们认知、理解与记忆。桌椅作为符号，其发展与创新的过程不但反映人们无形的情感经验，也不断积极改变人的行为，促进人与社会的和谐。此外，桌椅代表着一个有序的系统，系统中相互影响的各元素在动态中发展，体现着宏观环境、微观环境与社会发展等多方面综合因素之间的相互作用关系。而桌椅所表现出来的实体形式、符号特征、系统属性都在动态中变化，不断地适应性调整，向前发展。

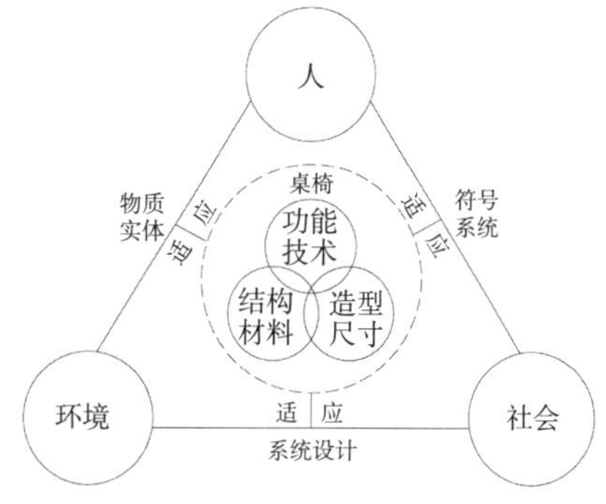

图 2-3　桌椅与人、社会、环境之间的关系

桌椅表现出的这种普遍又特殊的关联性，也正是信息时代人机工程学的发展特征：多学科交叉的研究领域及混杂且包容关联性的研究内容。因此，在研究桌椅的人机适应性时，需要厘清涉及的相关要素，并对每个构成要素进行分析。

二、“人”——用户条件分析

在桌椅人机适应系统中，用户要素是最基础的要素，但也是个体差异性较明显的一类要素。桌椅的使用者因为年龄、职业、使用目的等的不同，使用过程中的心理、生理、行为等表现也不尽相同。学生、办公族、普通家庭成员、公共场所出入人员，这些具体使用场景下的用户呈现出各异的特征。例如，学生在成长过程中，使用桌椅完成各种认知与学习任务，这类用户群体从学龄前的幼儿到成年的大学生，年龄跨度大，生理和心理都处于成长变化期；从事不同职业的办公群体，每天坐在办公桌前的工作内容、时长及强度存在差异，使得坐姿及肢体动作频率各不相同；普通家庭成员，因居住地域文化、居住环境、起居习惯等方面的差异，其对桌椅有不同的使用方式；同样在公共场所，人群特征迥异，他们在具体场景下使用桌椅的行为也不尽相同。本书以学生群体为例，从心理、生理、行为三个方面来系统分析用户要素。

（一）桌椅人机适应中的用户心理分析

学生是一个特殊的用户群体，小学生、初中生、高中生、大学生代表着人成长的不同时期，认知活动是各个年龄段学生重要的心理活动。以小学生为例，虽然他们处于认知学习的初期，但成长和学习速度非常快。认知活动主要包括注意、感知（感觉与知觉）以及记忆。注意是心理活动对一定对象的指向和集中。小学生在使用学习桌椅的过程中，注意会使其选择性地关注一定的对象，这个对象通常是需要学习认知的具体内容，此时桌椅的角色是配合完成学习任务的一类工具。由于学生预定的目标与桌椅本身无关联性，所以学生不会给予桌椅过多的关注，一般只是在使用初期完成必要的识别，感知其位置与状态。在使用桌椅过程中，由于注意集中在预定学习对象上，对桌椅更多的是无注意状态。因此在学习任务切换过程中，桌椅状态的适配程度并不在学生的关注范围内。

低年级小学生的注意有一个特征，就是“无意注意”会占优势。例如突然出现的声音、新鲜的刺激等，都会引起他们的注意。这种注意不是事前预定的目标，不需要意志努力，是一种低级、自发性的注意。低年级小学生的这一注意特征，在一些特殊情况下恰当使用，可以作为一种能够引起小学生注意的有效方法。

注意力的稳定性直接影响学生的坐姿行为，例如患有注意力缺陷多动症（ADHD）的学生，一个重要表现就是无法静坐，常在座位上扭动或者站起。这类学生与桌椅之间产生的交互适应行为与其他学生就会存在差异。通常情况下，小学生的注意稳定性随年龄增长而增强，持续的时间有所延长，见表 2-2，各个年龄段的儿童有相应最佳的注意力持续时间。超过这个时间，儿童就容易出现注意力不集中的表现。当儿童成长为青少年，其注意力在有意的引导下，可以适当延长，但也有相应的阈值。因此，课堂学习时间通常设置在 40min 左右，而后需要通过休息调节来实现注意力的持续。当学生注意力开始不集中，其中一个显著的表现很可能是坐姿出现变化，人与桌椅交互双方中的一方首先发生变化，进而将带来人机交互行为的改变。

对桌椅的感知也是用户最基本的心理活动。学生可以通过视觉、听觉、嗅觉、温度觉、触压觉等，分辨桌椅的颜色、气味、温度、软硬等特征。而后大脑将这些感觉信息按照彼此之间的联系整合成一个完整的学习桌椅的映像。这种感知方式在幼年形成后也将在学生的成长过程中持续沿用。在小学生个人的综合感觉系统中，相对于其他感觉，视觉发展快速，占据主导地位。小学生在 10 岁前后，视觉感知和辨别细小物

不同年龄段儿童注意力持续时间　　表 2-2

年龄段	注意力持续平均时间
5 ~ 7 岁	15min
7 ~ 10 岁	20min
10 ~ 12 岁	25min
12 岁以上	30min 以上

体的能力以及视觉的调节能力会不断增强，因此，这个年龄段需要更加注意视力的保护，严格控制用眼时间和健康的用眼距离，预防可能出现的影响视力发展的不良情况，注意以健康的学习行为保证正确用眼，并且在整个学生阶段都需时刻关注。

记忆是心理认知活动的一部分，由于学生使用学习桌椅的初衷是完成学习任务，与桌椅的交互也是伴随学习行为而发生的，在分析用户与桌椅所形成的人机交互关系时，就不能忽略用户认知行为过程与行为最终目标之间的联系。记忆是学习过程中的重要环节之一，而学习环境以及学习的身体姿势都是一种有效的记忆线索，实验证明熟悉的环境与习惯性的姿势都有助于记忆知识的检索，见表 2-3。因此，为了更好地完成记忆任务，就应该对学习环境与学习姿势给予足够的重视，努力构建一个健康、合理、人性化的学习环境，引导更具适应性的身体姿势。桌椅正是这个学习环境的重要构成因素，坐姿则代表着典型的学习姿势。

儿童心理因素与桌椅的关联性　　表 2-3

心理（认知）										
—	注意			感知					记忆	
相关因素	目标	特征	稳定性	视觉	听觉	嗅觉	温度觉	触压觉	环境线索	姿势线索
与桌椅的直接关系	无	无	无	有	有	有	有	有	有	有

（二）桌椅人机适应中的用户生理分析

学生阶段是人生理成长变化很大的一个阶段。小学一年级至六年级，正是儿童 7 ~ 12 岁生长发育年龄段，在这个阶段，儿童的骨骼肌肉一直处于成长变化中，生理各项机能不断改变，并呈现波浪式生长发育规律。运动生理学研究数据显示，10 ~ 12 岁为第二个生长发育高峰期，男童生长速度峰值略晚于女童。在这个高峰之前，骨骼肌肉的成长速度保持相对平稳，进入生长发育突增期时，身高年增长 7 ~ 8cm，体重年增加 5 ~ 6kg。这个阶段人体的下肢迅速发育，然后向躯干扩展。此外，中国学生体质健康调研资料也表明，儿童、青少年身高随年龄增长而增长，但在青春期发育后期个体身高生长可能出现停止，大部分人身高变化主要集中在青春期发育前期。学生不同年龄段的生理发展特征是各类学生产品设计的基础，人体测量学从人体构造尺寸和功能尺寸两个方面为桌椅设计提供生理方面相关数据，满足不同群体最基本的生理适应需求。学生使用的桌椅，其人机适应性中最基本的要求也是要提供与使用者人体生物特征相匹配的外部造型和内部结构，如桌椅具有整体及局部可调节的高度与倾斜度。同时，调节的方式及力度要符合目标用户的认知及人体的出力范围，符合生物力学层面上的要求。

此外，生理要素还包含人体疲劳状态。疲劳是一种主观不适感觉，客观上是指在条件不变的情况下，失去了完成原来正常活动或工作的能力，即劳苦困乏。例如学生在学习行为发生过程中，随着时间的延长，学习效率会有所下降，表现出机体疲劳状态。这是一个复杂的生理变化过程，是脑力活动或体力活动持续一段时间后，必然出现的一种正常的生理反应。当出现早期疲劳状态时，学生就会表现出思维迟钝、精力不集中的现象，并伴随坐姿的不断调整。这是大脑皮层不能有效对周围区域兴奋进行抑制而出现的外在生理现象。当疲劳状态更加明显时，就会表现为打哈欠、瞌睡等情况，这是大脑皮层广泛抑制而出现的兴奋普遍降低现象。这种生理层面的疲劳在办公群体中同样会出现，其产生的原理过程基本相同。而不同程度的疲劳都将引发人体姿势的变化，进而会引起人与桌椅之间交互关系的改变。

（三）桌椅人机适应中的用户行为分析

桌椅使用者的行为包含使用桌椅进行的操作行为，如学习、办公、餐饮、娱乐等，也包含坐姿行为。例如，学生在与学习桌椅产生交互的过程中主要涉及学习行为和坐姿行为，也包含部分的娱乐行为，这些行为之间紧密相关。在分析具体行为的产生及变化过程时，需要再次来认识行为发生的推动机制——动机。动机是一种内部心理过程，可以通过任务的选择、努力的程度、活动的坚持性和语言表现等行为进行推断。学生在使用学习桌椅的过程中，最主要的动机是需要完成一定的学习任务，这种“需要”会产生驱动力，引起学习活动，并持续一段时间，在这个过程中形成具体的身体姿态及肢体动作，将贯穿整个行为全程。

与此同时，“坐”这一行为伴随具体活动而产生，这源于个体自身的生理需求。例如，学生在学习过程中的身体需要获得有效支撑，以减少身体疲劳的感受。坐姿行为发生变化的动机包含内在动机和外在动机。当身体内部出现不适时，为了满足身体舒适性的需要，坐姿就会改变。学生在保持坐姿状态进行学习时，当外在学习任务更替变化，坐姿也会相应发生变化，这就是外在动机。内外动机同时影响坐姿行为的发生与改变。因此，要分析人与桌椅的适应性，不能忽略人体内部心理、生理特征以及外部具体任务变化这两类能够引起动机改变的重要因素。

综合用户心理、生理、行为等具体特征，可以更全面准确地了解人在使用桌椅过程中与桌椅建立起的适应关系。而不同功能型桌椅的用户表现出来的特征会存在差异，需要结合具体环境等相关联因素综合进行分析。

三、“环境”条件分析

在桌椅人机适应系统中，人与桌椅之间建立适应的过程脱离不开环境。这里的环境可以细分为社会环境、经济环境、文化环境、科技环境、任务环境以及桌椅具体的放置环境。社会、经济、文化这三类环境属于宏观层面上大概念的环境范畴，桌椅的人机适应性不能孤立于大环境之外，其直接或间接都要受大环境因素的影响，如图 2–4 所示。社会、经济、文化本身都处于发展变化之中，并且构成一个互相影响、互相牵制、协同共生的系统。它们与人、物质条件的关系密不可分。生活在环境中的人，会因大环境发展阶段的不同，而产生不同的行为方式与实际需求，而物质条件必然与人们的需求保持同步。桌椅属于人们日常学习、工作、生活、娱乐过程中必要的物质条件之一，这些物质条件在某种程度上也是共生系统发展阶段的一种体现。因此，桌椅的发展同样会与当时的大环境因素相呼应，并以不同的外在形式加以体现。例如，在不同地域文化、不同时代进程中，桌椅的功能设定、使用方式、造型特征等都可以显现出用户的行为、喜好、审美以及大环境发展的特征。

技术环境相对更具体与直接，因为技术的飞跃与创新推动着人类经济文化社会的综合发展。各个领域对技术的不同利用方式会产生不同的变革效果，因此，技术本身对于物质条件的影响更直接，这一点在桌椅的发展历史中得到了充分的展现。桌椅的材料因技术创新获得突破，制作工艺因技术的发展实现提升，成型技术等的变革为桌椅造型带来更多惊喜与可能。机械自动化、电子信息技术等在桌椅中的应用，更是完全颠覆了人们对以往家具产品的认知。电子计算机技术、现代信息技术、智能技术等的相继出现与快速发展，在提升生产效率的同时，悄然改变着人们的生活方式与行为习惯。用户与桌椅产品本身都因技术环境的变化而发生着改变，但以用户为中心，更人性化，是桌椅人机适应系统不变的目标。

任务环境主要涉及使用桌椅时所进行任务的相关范畴，如使用学习桌椅时涉及的教育环境、使用办公桌椅时涉及的办公环境、使用餐桌椅时涉及的饮食环境等。任务环境与桌椅及用户的关系，比其他环境更近。以教育环境为例，社会、经济、文化、技术都在促进教育事业的发展。教育的模式、内容、强度，辅助的技术设备，评估检查的方法等在不断更新变化，随之变化的还有学生的学习行为、学习任务、学习时长等，这些改变对人与桌椅的交互行为与过程产生着

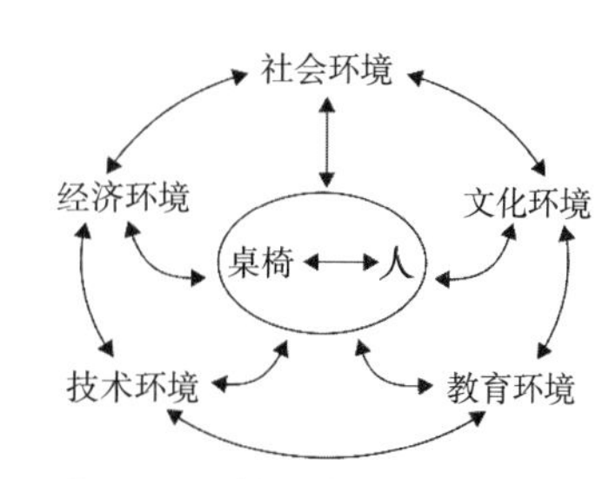

图 2–4　环境要素对桌椅人机系统的影响

直接且显著的影响。因此，社会发展进程中不同阶段的任务环境都是不能忽视的重要因素，需要结合具体用户实际任务情况进行分析。

桌椅放置的物理环境，是常规人们认知中最直接的环境因素。学习桌椅通常放置在家庭以及校园、图书馆、教育辅导机构等公共场所，办公桌椅放置在写字楼办公区等场所，餐桌椅放置在家庭的餐厅或户外、餐厅、酒店等场所内，这些桌椅放置的物理环境直接影响使用桌椅时进行的学习、办公、餐饮等行为。比如说桌椅周边的空气、温度、采光、色彩、声音等，都会影响桌椅使用者的生理感受，同时伴随心理活动。适宜的光线、温度、声音有利于桌椅使用者的认知活动，照明适当的变化还可以降低桌椅使用者的疲劳感。气温超过 35℃，大脑消耗增加，易疲劳；温度过低，大脑效率不高。这些具体要求在一般公共建筑环境的构建中都有明确的规定，如通风、采光等。而在家庭环境中，学生学习空间、餐食空间、休闲娱乐空间是每个家庭根据自身情况而定，比如一些家庭为儿童设置了独立的学习房间，整个环境隔声效果较好，房间内有空调或暖气，保证冬夏季都有适宜的温度。房间内白天有适宜的采光，晚上有专门与桌椅配套的护眼灯，提供较理想的光源。但也有一些家庭，因房屋面积限制等原因，儿童没有独立的学习空间，甚至没有专门的学习桌椅，通常在家庭中的其他区域完成学习行为，如在餐厅、客厅等，这时餐桌椅或者沙发茶几就成了临时的学习桌椅。在这样的环境中，采光、噪声、温湿度等都可能影响学生的学习行为、坐姿行为以及对桌椅的使用感受。因此，不同类型桌椅所放置的物理环境是桌椅人机适应系统中不可忽视的因素。

四、“机”——桌椅条件分析

桌椅，作为一种物质家具产品，其具体基础属性主要包含功能、材料、结构、造型等。本书中的适应性主要探讨的是桌椅与使用者之间交互共生的动态平衡关系及其发展规律，而桌椅的基础属性是所有适应中最直接的，属于初级人机适应，因此，需要对桌椅的基础属性分别进行详细的分析。具体分析见本书第三章的内容。

五、小结

本节以实现桌椅人机适应的基础条件为研究对象，结合信息时代人机工程学发展特征，揭示桌椅表现出来的与外界普通又特殊的关联性的构成要素——人、机、环境，并进一步探讨各个要素与桌椅人机适应性的内在关系。

人是桌椅人机适应性存在的基础条件之一，人的心理特征、生理特征、行为特征在桌椅人机适应性建构的过程中都极为重要，准确理解与应用是各种类型桌椅研发设计的基础。环境同样是桌椅人机适应实现不可或缺的基础条件，环境是一个大的概念，在具体研究中，需要进一步解构分析社会环境、经济环境、文化环境、科技环境、任务环境以及具体放置的物理环境，这些环境共同作用于桌椅人机适应的建构过程，需要从宏观到微观认真梳理归纳总结。桌椅作为人机适应关系建构中的基础条件，同样需要进一步拆解，挖掘其各项基础属性并给予系统分析，这也是接下来研究的内容。

第四节　桌椅人机适应性基础情况调查

一、人机适应性调查研究方法

观察法是根据一定的研究目的、特定的理论观点，用感官或辅助设备去观测记录研究对象，从而获取研究所需信息。本书中的案例通过非接触性观察，了解学生自然状态下使用桌椅完成学习行为的全过程，了解具体行为发生的时间段与频率，结合一定的度量进行分析研究。

访谈法是通过与受访者进行面对面的交谈，了解受访者的心理和行为的研究方法。访谈法有结构式访谈和开放式访谈。本书中的研究案例是结合前期观察获取的数据信息，对桌椅使用者开展的进一步的结构式访谈。

问卷法是社会调查研究中比较常用的一种方法。问卷法通过事先拟定出所要了解的问题，列成问卷，发放给目标人群作答。在问卷回收后，对答案进行分析和统计，获得相应的结论。本书在采用问卷法前，先通过观察与深度访谈形成相关问题框架和选项，而后采用恰当的表达方式，设计成问卷。问卷通常需要进行信度和效度的检测。信度代表问卷结果的稳定性，稳定性高，说明随机误差因素影响小，反之则说明误差影响大。效度代表问卷能获得所提问题答案的程度，测试问卷是否有效地表达了研究变量等信息，效度高说明问卷科学设计问题，受系统误差影响小，反之则表示问题设计不合适，误差相对大。本书中的案例采用问卷法获取研究中所需的家用学习桌椅适应性的基础信息。

二、桌椅人机适应性基础调查研究

在对桌椅进行人机适应性构成因素分析时，为了更准确全面地定位使用者与桌椅系统之间的关系，首先需要了解功能型桌椅的具体使用状况，其中包含实际使用需求、使用时长、具体使用的方式、使用中存在的问题等。本书中选取小学生家用学习桌椅作为分析案例，综合使用观察法、访谈法与问卷法，获取目标用户使用的基础情况数据。

（一）家用小学生桌椅人机适应性基础调查

以学习桌椅为例，在对小学生使用的学习桌椅进行时效性的人机适应性探索时，通过一定的调查来了解现有学习桌椅使用基本情况是十分必要的。在本阶段，首先通过观察和访谈，发现并总结现有小学生使用学习桌子过程中存在的问题。先后进行了5次入户跟踪观察，并对来自我国不同地区的20位家长以及4位小学教师进行了访谈。围绕小学生的学习行为和使用桌椅情况进行详细交流。之后根据存在的问题设计调查问卷，并进行发放和回收分析。

（二）问卷设计

调查目的：使用现状调查可以有效地了解和认识现有学习桌椅使用者在使用过程中存在的问题以及实际变化中的需求。本案例研究中的人机适应性是一种动态平衡的关系，而不断变化的需求及使用中的问题都可能是平衡状态发生变化的潜在条件，因此，适宜的问卷调查将是一种收集和掌握用户使用信息的有效方法和手段。

问卷设计思路：问卷设计前要综合考虑调查目的、调查对象、问题的内容、结构及形式、数量等。问卷主要需要了解小学生在桌椅使用过程中存在的各类问题，对桌椅适应的感知态度和面对环境等改变带来的需求变化等。由于小学生学习桌椅产品有一定特殊性，儿童是使用者，他们在使用过程中有着自己不同的感知态度与适应情况，家长虽然不直接使用，但却是桌椅的购买者，同样会存在一定的需求与体会。因此，问卷的设计要综合考虑受测人群的构成。

目前，小学生在家庭中使用的学习桌椅并非全部易用、健康、可靠，前期的访谈调查也揭示出一些人机设计或者使用方面的不足之处，如与书桌搭配使用的椅子并非专门为儿童设计，桌椅的高度也没有完全和使用者达到适应协调，有些家庭使用的椅子没有靠背，硬木凳子没有坐垫等。使用中还可能存在着不良习惯与方式，如具有高低角度调节的桌椅长期没有发挥该功能的作用，桌椅放置位置采光与隔声环境较差等。在家用小学生学习桌椅的选购与使用问题上，由于我国各个地区经济环境、家庭条件、家长意识等存在差异，家庭中儿童使用的学习桌椅人机舒适特性情况参差不齐。在调查中，一些家长反映儿童抱怨腰背等部位疼痛，这些都成为检测儿童桌椅人机工程学问题和设计缺陷的重要指标。国外医学等领域的学者通过大量的研究，指出儿童骨骼、肌肉、脊椎等方面的疼痛与儿童日常学习行为过程中不良的坐姿有着必然的关联，而能够引导合理坐姿的一个重要因素就是桌椅自身的人机特性。因此，学习桌椅的人机特性分析及相关数据的合理适时更新十分必要。

在前期入户调查和访谈调查的基础上，问卷问题的设置同时综合了国际标准ISO 9241“可用性”（Usability）的要素：有效性（Effectiveness）、效率（Efficiency）和满意度（Satisfation）。同时结合了可靠性设计中功能效率、易用性、舒适度以及健康和安全等因素，结合这些因素，重新审视现有家用学习桌椅存在的问题。

（三）问卷的发放与回收

本次问卷在全国范围内发放，随机选择北京、上海、重庆、江苏、浙江、广东、山东、四川、山西、云南、内蒙古等地区 471 个家庭作为调查样本，对现有家庭中儿童学习桌椅的使用情况进行了调查。

本次共发放问卷 471 份，有效问卷 439 份，有效率 93.2%，考虑到低年级儿童特殊性，对部分问题的理解和表述存在一定的难度，因此本次问卷中的一些题目需要家长与儿童共同完成，问卷的发放尽可能选择在节假日，学生和家长能够共处的时间段，以确保问卷准确性。问卷回收后，使用 SPSS 和 Excel 软件对使用现状的数据进行统计分析。

（四）问卷结果与分析

本次有效问卷 439 份。其中，一年级 39 人，占 8.9%；二年级 11 人，占 2.5%；三年级 101 人，占 23.0%；四年级 153 人，占 34.9%；五年级 96 人，占 21.9%；六年级 39 人，占 8.9%。小学生多集中在三年级以上，这也是小学年龄段在家庭中使用学习桌椅较多的一个阶段。

1. 有效性及易用性层面的基础调研分析

1）家庭环境中小学生学习过程中使用桌椅情况分析

在调查中，家中小学生学习时使用成人书桌椅或餐桌椅等，为 136 人，占总人数的 31.0%，说明有大量家庭并没有给小学生购置专用的学习桌椅，很多低年级的小学生在家习惯性使用茶几作为写作业的主要家具，由于茶几高度对于低年级小学生还可以接受，并且低年级写作业时间并不长，而高年级的小学生则是使用家庭中的餐桌椅等，另外家庭住房面积、经济条件、家长重视程度等都会限制专用学习桌椅的购买。

在调查中，使用成套的学生专用学习桌椅为 175 人，占总人数的 39.9%，约 1/3。使用学生专用书桌，但椅子不是学生专用，可能使用家庭中现有的餐椅等，这类人数为 92 人，占 21.0%。使用学生专用椅子，但桌子不是学生专用，可能使用家庭中的餐桌、电脑桌等，这部分人数为 36 人，占 8.2%，如图 2-5 所示。整体而言，使用全套或者半套儿童专用家具，占总数 2/3。使用整套学习桌椅的家庭已认识到儿童与桌椅相适应的重要性，另外一部分家庭只使用了部分学生专用家具，对于配套家具重要性的认识还有一定欠缺，认为学习桌比学习椅更重要的家庭占比相对更大一些。

在同一个年级学生中使用不同类型桌椅的情况如图 2-6 所示。在六年级阶段，使用成人书桌椅或餐桌椅的情况明显增加，这说明随着年龄的增加，部分六年级儿童的身高与成年人的差距越来越小了。

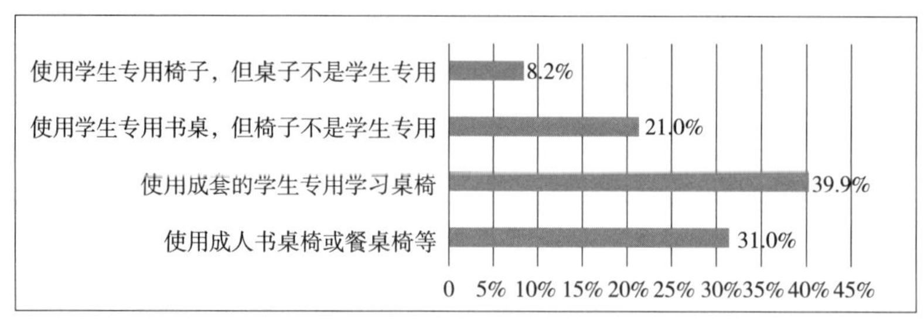

图 2-5 家庭环境中小学生使用桌椅类型情况

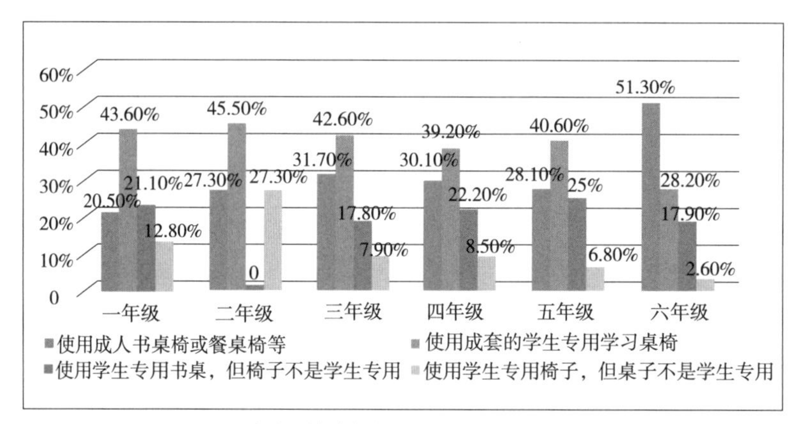

图 2-6 家庭环境中各年级小学生使用桌椅类型情况

2）家庭环境中使用学习桌椅时长分析

在调查中，小学生每天在家坐在桌前完成作业的时间，在 30min 以内为 21 人，占 4.8%；0.5 ~ 1h（含 1h）为 110 人，占 25.1%；需要 1 ~ 2h 的为 163 人，占 37.1%；2h 以上的为 145 人，占 33.0%，如图 2-7 所示。根据数据可以看出，大部分小学生完成作业需要 1 ~ 2h 甚至更长，虽然各地的教育部门都在给儿童减负，但是由于教育环境的变化，学习内容的广泛，其实并没有有效地减少小学生在家学习的时间。一些家长还在课外为儿童增加了各类的课外任务，这些都需要大量的时间在家庭环境中完成。假如在这个过程中，使用的家具并不能达到动态的适应，加之长时间的久坐，将增大孩子健康受到伤害的风险。

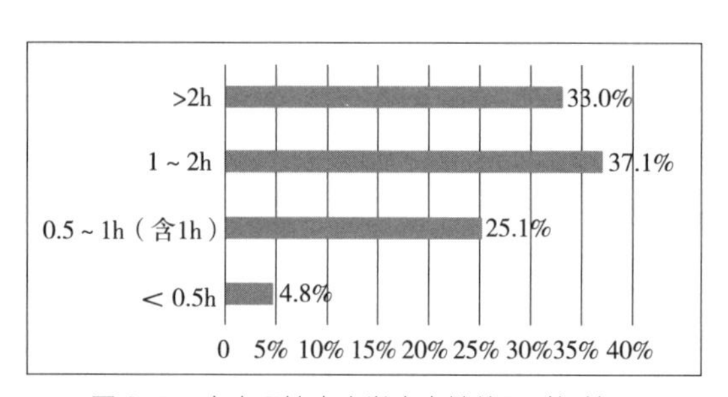

图 2-7 家庭环境中小学生桌椅使用时间情况

3）家庭环境中小学生使用桌椅的调节性等特征分析

本项目调查内容为多选，在分析时以个案百分比进行统计分析，如图 2–8 所示，桌面的高度可以调节占 22.1%，桌子可以调节倾斜角度占 14.8%，桌子配合有抽屉、书架等学习用品的收纳空间占 56.9%，桌子有专门放置电脑等电子设备的空间占 21.2%，椅子高度可以调节占 25.5%，椅子有靠背并且可以调节占 24.8%，椅子有靠背但是不能调节占 39.4%，椅子没有靠背占 11.4%。

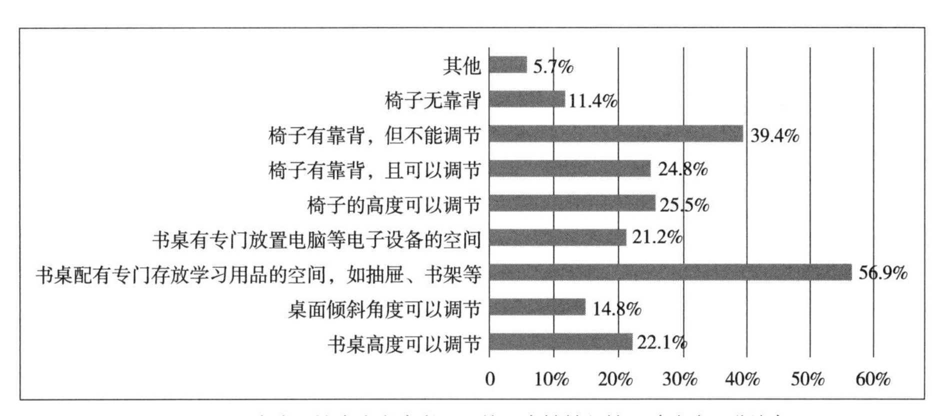

图 2–8　家庭环境中小学生学习所使用桌椅特征情况（个案百分比）

4）家庭环境中小学生调节桌椅的情况分析

调查结果显示，桌椅的调节过程主要依靠父母等成年人完成，占 26.4%；桌椅调节很方便，小学生可以轻松完成占 18.9%；虽然桌椅的调节操作有一定难度，但小学生可以自己完成调节，占 7.1%。有 47.6% 的人表示使用的桌椅一直没有进行过调节，如图 2–9 所示。这一特点在前期访谈中也得到了证实，一些受访者表示因平时工作较忙，给儿童购买学习桌椅后，只在安装过程中尝试过调节，以后的学生使用过程中，很多调节功能都没有操作过。

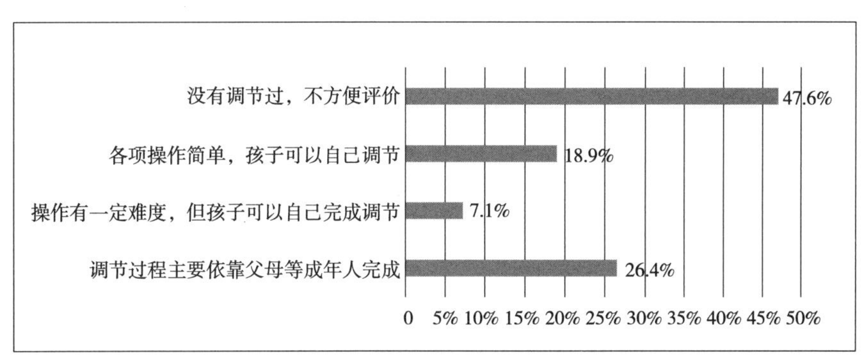

图 2–9　家用学习桌椅的用户操作表现

总而言之，“可用性和易用性”主要体现在桌椅特征与实际需求是否相符上。小学生学习过程中如果使用适合的桌椅类型，就具有可以实现传统意义中人体尺度匹配的条件。由于小学年龄段的儿童，身高、体形差异较大，即使是儿童专用学习桌椅也无法在不调整的情况下，满足所有目标用户各种尺度需求。因此，如果没有对桌椅进行对应性的及时调节，那么这种适合的桌椅类型就无法发挥最大的用途。而学习桌椅具有的调节易用性就变得十分重要。同时，如果每天经历 2h 以上“不适应”的使用过程，这种时间上的积累，对于成长中儿童的伤害十分严重。因此，要保证小学生健康的学习过程，首先是使用适合配套的学习桌椅，其次应保持及时、准确、合理的适应性调节，最后还要保证健康的使用时间。

2. 功能效率层面调研分析

1）家庭学习行为中使用电子设备情况分析

在本次调查中，要求选择日常学习过程中使用频率较高的电子设备：使用台式电脑的小学生 14 人，占 3.2%；使用笔记本电脑 39 人，占 8.9%；使用平板电脑 118 人，占 26.9%；使用智能手机 177 人，占 40.3%。不使用上述这些电子设备 91 人，占 20.7%，如图 2–10 所示。数据显示，大量小学生在学习过程中频繁地使用手机作为一种满足需求的设备。在作业任务简单，没有过多信息的时候，手机的便捷性可以满足小学生较短暂的需求，另一个重要原因是在校老师通过手机上的交流软件与家长联系，布置一些任务，家长简单地选择了直接将手机给家中的小学生使用。

平板电脑在现今的普通家庭中比较常见，其占用空间小，便携，普通价位的平板电脑和手机价格近似，所以一些家庭为孩子准备了专用的平板电脑。一些家庭中同时拥有多台电子设备，而约 1/4 家庭中的孩子还是更多地选择了使用平板电脑。平板电脑在真正的学习行为发生过程中，具有一定的优势，比如屏幕面积比手机大，接受信息量更多，桌面空间可以同时放置书本等，易于存放与收纳。因为这些优势，所以其

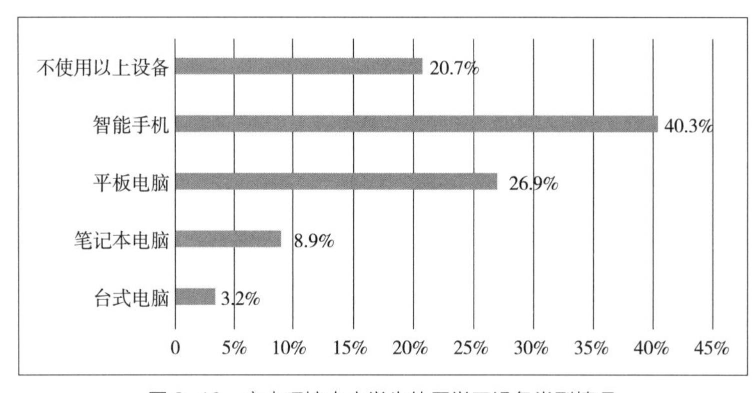

图 2–10 家庭环境中小学生使用学习设备类型情况

使用占比远高于使用笔记本电脑和台式电脑。台式电脑使用人数相对最少，毕竟其体量较大，占用空间多，在家庭环境中需要一个相对独立的区域，这往往是家长工作的区域，与儿童学习环境应分隔开来。

在这一项调查中，有 91 人选择不使用上述设备，占 20.7%，在前期的访谈中，有部分家长表示不希望儿童过早地接触手机、平板电脑等电子设备。一方面，担心儿童的视力会受到影响；另一方面，担心儿童的自制力相对较差，容易沉迷于一些娱乐项目中，反而影响学习。但是在教育发展背景下，小学生使用各类电子设备的趋势无法改变。

分析不同年级学生使用学习类电子设备时发现，随着年级的增长，使用智能手机的比例不断增加，五、六年级尤为突出。一、二年级不使用电子设备的人数较多，但四年级以后，不使用的比例在下降，说明日常对电子设备的需求变得明显，如图 2-11 所示。

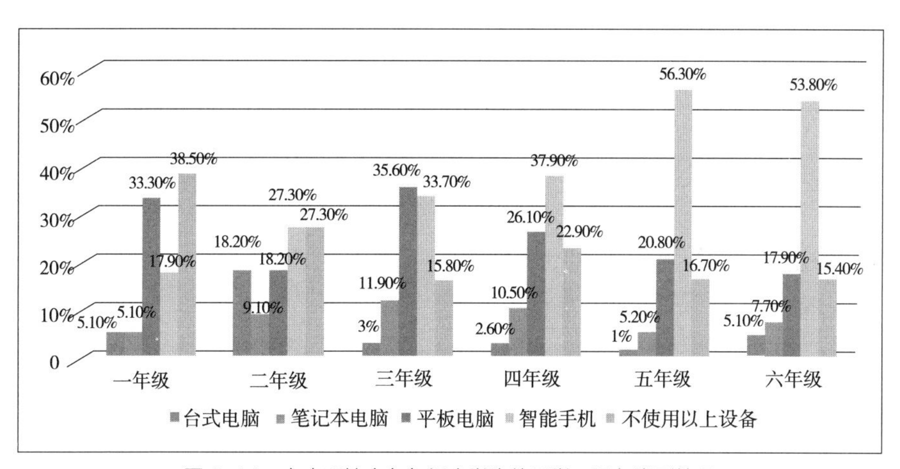

图 2-11　家庭环境中各年级小学生使用学习设备类型情况

2）家庭学习行为中使用电子设备时长情况分析

调查中，使用上述电子设备在 30min 以内的是 79 人，占 18.0%；使用时间在 0.5 ~ 1h（含 1h）为 115 人，占 26.2%；使用时间 1 ~ 2h 的是 55 人，占 12.5%；使用时间 2h 以上的是 29 人，占 6.6%；并非每天使用，偶尔使用的是 70 人，占 15.9%。还有 91 人选择不使用，如图 2-12 所示。由数据可以看出，有 63.3% 的小学生每天在使用不同类型的电子设备，虽然时长有一定的差异，但每天都发生使用的过程与行为。

在这一个内容的调查中，有 15.9% 的家长表示儿童是偶尔使用，代表着这部分小学生是在一定的需求存在下才使用，使用频率与变化的需求有着一定的关联。

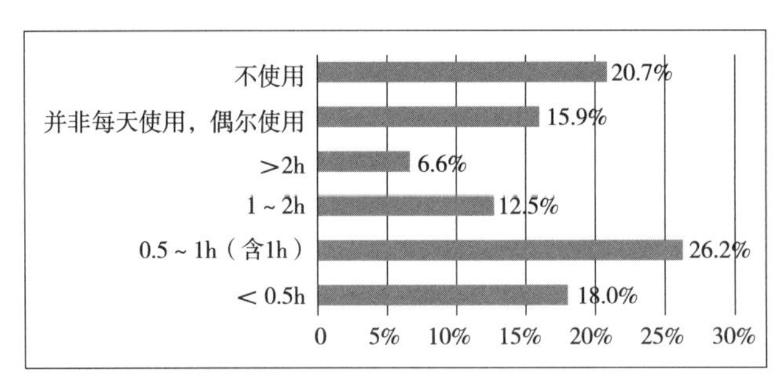

图 2-12　家庭环境中小学生使用学习设备时长情况

不同年级小学生使用学习类电子设备的时间，如图 2-13 所示。可以发现，在三、四、五年级中，0.5 ~ 1h 这个时间段都是最多的，随着年级的增加，1 ~ 2h 这个使用时长的比例随之增长。虽然六年级使用时间在 1 ~ 2h 的增加明显，但使用时间在 30min 内比例最高，说明升学压力下，一些学生开始减少了使用的时间。整体而言，一、二年级和其他年级小学生相比还是使用时间最少的。

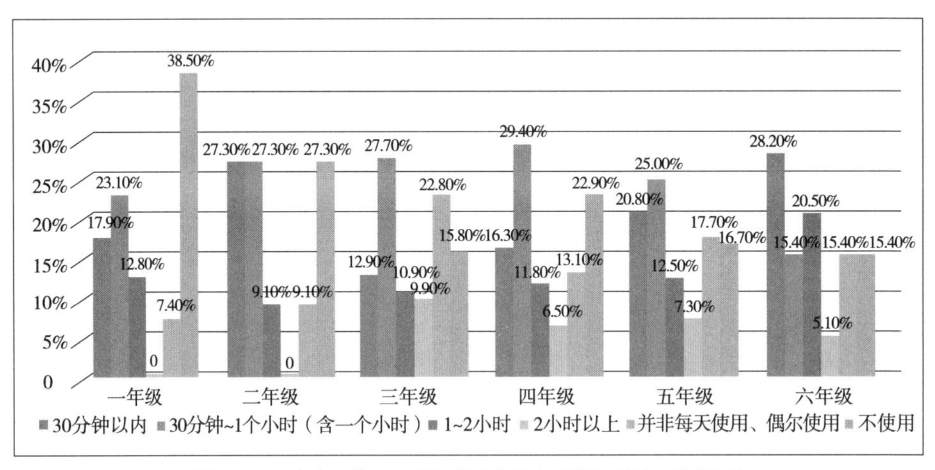

图 2-13　家庭环境中不同年级小学生使用学习设备时长情况

总之，除了桌椅具备的承载人体重量的作用外，“功能效率”还主要体现在桌椅辅助学生完成整个学习过程的特征上。对于常规的书写任务，一般桌椅都能辅助学生完成，所以本次调查结合教育环境趋势变化，主要关注小学生使用电子设备情况，小学生学习过程中使用智能手机和平板电脑两类设备居多，使用频率较高的集中在三至五年级，使用时长也随着学习任务需要而动态变化，桌椅作为辅助学生使用该类设备的必要家具，具有一定的引导行为的用途。学习过程中功能与效率的保障将为小学生的健康发展打下基础。因此，对于使用这些学习设备的坐姿习惯及时长应给予及时的关注，以及合理的健康监护和引导。

3. 舒适度以及健康和安全层面调查分析

家庭学习行为中身体部分发生不适情况及程度分析的调查内容为多选，在分析时以个案百分比进行统计分析。小学生日常在家中使用桌椅完成作业等任务一段时间后，20.3%的学生表示脖子出现不适，7.3%的学生表示后背出现不适，7.1% 的学生表示腰部出现不适，3.6%的学生表示臀部出现不适，2.3%的学生表示臀部出现不适，6.4%的学生表示手腕出现不适，8.0%的学生表示手部出现不适，10.0%的学生表示身体其他部分出现不适（如肩膀、小腿、头等）；有 63.8% 的学生表示没有身体部位感到不适或疼痛，如图 2–14 所示。

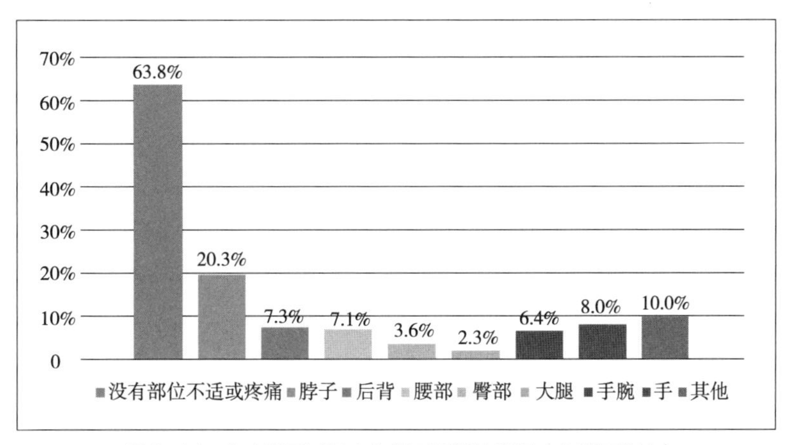

图 2–14　家庭学习过程中身体不适部位情况（个案百分比）

对于身体部位不适或者疼痛的程度，25.5%的学生表示轻微疼痛，偶尔发生；2.1%的学生表示轻微疼痛，经常发生；4.8%的学生表示一般疼痛，偶尔发生；1.1%的学生表示一般疼痛，经常发生；0.2%的学生表示比较疼痛，偶尔发生；0.2%的学生表示比较疼痛，经常发生。数据显示，小学生在家庭环境中写作业持续一段时间后，会发生身体局部感到不适的情况，并且程度有很大的差异。

“舒适度、健康、安全”关注的是桌椅在小学生使用过程中带给使用者的身心感受。这种身心舒适，需要多方面综合促成，但不舒适的最直接表现就是身体的疼痛与不适感觉。调查数据说明，现有桌椅的使用会导致身体局部的不适，如颈部、背部等。这些症状说明小学生在使用现有桌椅过程中存在着不适应。

综上所述，城市家庭中现有小学生使用的学习桌椅在人机适应性方面存在以下问题：

（1）有 39.9% 的受访家庭使用全套的小学生专用学习桌椅，但仍有 21.0% 的受访家庭使用其他成人类家具。这就说明，整体上小学生与桌椅未能达成全面的基础适应。

（2）在整个使用期间，桌椅的调节程度并不高，一般仅停留在静态的适应阶段，不能为动态坐姿中的学生提供相应的适应性服务。

（3）小学生使用桌椅过程中，出现不适应状态，具体表现之一就是身体出现疼痛，主要部位为颈部和背部。结合现有医学领域相关研究成果，可以说明，学习行为过程中的坐姿及时长都应重点给予关注。

要减少这些不适症状就需要分析学习桌椅人机适应性的具体构成因素，针对这些因素进行对应的动态改变，以到达人机适应的平衡状态，满足使用者健康安全的需求。

这个案例仅代表一种具体功能型桌椅与其目标使用群体之间形成的相互关系。面对差异性的使用群体，以及出于各自需求的使用目的，不同桌椅系统显现出的与外部环境和用户等的相互关系会存在明显差异。因此，在分析功能型桌椅人机适应性构成因素时，需要根据桌椅的具体类型和使用人群针对性地进行详细分析。

三、小结

本节首先对此次研究的方法进行说明，在此基础上展开家用学习桌椅人机适应基础情况调查，并对调查结果从易用性层面、功能效率层面、舒适度及健康安全层面进行深度分析，准确全面地定位目标使用者与桌椅系统之间的关系。通过调查案例的分析，一方面可以了解现阶段我国城市中的小学生在家庭环境中使用学习桌椅的基础情况，了解桌椅与学生的基础适应程度；另一方面可以发现学生在使用过程中存在的问题及需求，如偶尔发生的身体疼痛等不适状况以及需要缓解不适的需求。本次调查为确定桌椅人机适应构成因素的后续研究奠定基础。

第五节　桌椅人机适应性构成因素及重要性调查

一、桌椅人机适应性构成因素分析

在前面的小节中，对桌椅人机适应性定义及其特征进行了详细的阐释，分析了桌椅人机适应的基础条件，同时通过小学生使用学习桌椅案例，分析了相应目标使用群体的常规适应性需求。但这些基础的使用数据，并不能完全反映桌椅的适应性过程，还需要进一步针对性分析明确适应构成因素。

桌椅根据使用者的具体需求分为各种功能类型：学习桌椅、办公桌椅、餐桌椅、休闲桌椅等。其中学习桌椅和办公桌椅是人们日常使用时长及频率相对较高的两种，本书主要以这两类功能桌椅为例，展开人机适应性构成因素分析。

（一）学习桌椅人机适应性设计具体构成因素

学生在使用学习桌椅的过程中，与桌椅之间构建的是一个相互适应的过程。在这个双方互动过程中，影响交互的因素包含多方面内容。

为了能够比较全面准确地获取学习桌椅适应性构成因素，以小学生使用的学习桌椅为例，选择重庆及南京两地人机工程方向的专家 5 人、全国各地小学生 20 人、家长 20 人、小学老师 4 人、家具设计师 5 人，围绕学习桌椅使用过程展开访谈，通过自然的交谈，获取关于学习桌椅适应性相关资料，并总结频次出现较高的内容及代表性词汇，汇总为一级因素 6 个，分别是使用者对桌椅适应性的基本认知、使用者所进行的学习任务、使用者的基本功能需求、桌椅提供的人机适应性要素、未来功能及新体验，以及用户基本信息。确保一级因素准确涵盖全部因素内容以后，在一级因素的基础上，细分出二级因素，并用简明语句进行表述，见表 2-4。其中，包含了使用者生理和心理的特征、使用者对桌椅基本功能性的需求特征、使用者的行为特征、新技术发展带来的桌椅变化特征等。这些内容涵盖了小学生使用桌椅完成学习任务的整个过程。

学习桌椅人机适应性构成因素　　表 2-4

一级因素		二级因素	表述
1	适应性认识	适应性重要性	了解适应的重要性
2	学习任务	任务种类差异	书写、阅读、使用电子设备，等等
3	基本功能需求	稳定支撑	提供稳固的支撑及作业台面
		桌面高度	符合使用者身高的作业台面
		桌面倾斜度	提供便于书写、阅读等任务的适当倾斜度桌面
		抽屉	分类存放学习基本用品
		储物柜	学习相关的物品储存空间
		书柜	存放书籍等资料
		脚垫	用于适当调整坐姿
		电源插座	安全易操作
		台灯	位置可移动，亮度可调节
		音频发声设备	音箱等用于播放语音文件
		书本支架	便于将书本树立阅读
		iPad 等移动电子设备	提供辅助学习的电子设备使用空间
		台式电脑	提供上网学习的台式计算机及空间
		笔记本电脑	提供上网等学习的电脑及存放空间
		陪读台面	针对年龄较小儿童的家长陪读家具部件
4	人机适应性要素	人机尺寸姿势适应	桌面高度
			桌面宽度
			桌面深度

续表

一级因素		二级因素	表述
4	人机适应性要素	人机尺寸姿势适应	桌面倾斜度
			一体式桌面
			分块式桌面
			桌下脚垫尺寸
		人机交互认知适应	桌面升降操作方式
			桌面倾斜度调节方式
			升降、倾斜调节变化幅度
			书本、文具摆放与收纳
			抽屉开合、收纳方式
			灯具位置、亮度调节
			学习桌与椅的距离、位置
			常规学习与移动电子产品交互操作
			笔记本电脑等智能设备与常规学习交互操作
			自由控制权：拥有手动、电动、遥控操作
			预防使用出错：操作不易出错
			可记忆：使用一次后容易记住
			可学习性：容易学会使用（操作）学习桌
			效率：操作简便且效率高
		感觉及心理的适应	学习桌形态
			学习桌色彩
			材料防滑效果
			材料易清洁程度
			材料软硬舒适度
			材料温度适宜性
			光环境
			声环境
			空间领域感
			综合干扰因素
			其他
5	未来功能及新体验	外观	符合用户审美和环境特征要求
		结构	更为稳固、安装简易
		材料	环保
		功能多元化	满足更多使用需求
		智能化	智能识别姿势，自动调节部件，纠正坐姿等
6	用户基本信息	性别	男、女
		年级（年龄）	一年级、二年级、三年级、四年级、五年级、六年级
		使用学习桌经历	使用时长

（二）办公桌椅人机适应性具体构成因素分析

为了较全面准确地获取办公桌椅适应性构成因素，针对办公桌椅现有使用情况及需求分析采用文献法、访谈法等获取相关办公桌椅适应性相关资料，并总结频次出现较高的内容及代表性词汇，汇总为一级因素6个，分别是使用者对办公桌椅适应性的基本认知、使用者所进行的相关任务、使用者的基础功能需求、桌椅提供的人机适应性要素、延展功能及创新体验，以及用户基本信息。首先确保一级因素能够涵盖全部因素内容以后，在一级因素的基础上，细分出二级因素，并用简明语句进行表述，见表2-5。其中，包含了办公桌椅使用者生理和心理的特征、使用者对办公桌椅基础功能性的需求特征、使用者的行为特征、创新技术应用带来的办公桌椅延展功能等。这些内容涵盖了办公人员使用桌椅完成各类工作任务以及其他相关行为的整个过程。

办公桌椅人机适应性构成因素　　表2-5

一级因素		二级因素	表述
1	适应性认识	适应性重要性	了解适应的重要性
2	工作任务	任务种类差异	书写阅读、操作电脑等、会议交流，等等
3	基本功能需求	稳定支撑	提供稳固的支撑及作业台面
		桌面高度	符合使用者以常规坐姿和站姿工作的作业台面高度
		隔断	有一定的空间分割作用，便于形成个人化空间
		抽屉	提供办公人员物品储存空间
		桌面倾斜度	根据具体需求提供可调节倾斜度的桌面
		储物架（柜）	分类存放办公基本用品
		电源插座	安全易操作
		台式电脑	提供上网、办公的台式计算机及空间
		笔记本电脑	提供上网、办公的笔记本电脑及存放空间
		iPad等移动电子设备	提供各类移动电子设备使用空间
		音频发声设备	提供视频会议等所需的视频服务
		生活类物品存放	提供水杯、纸巾盒、日历、植物、镜子等存放空间
		私人物品存放	照片、衣服、玩偶、包等
4	人机适应性要素	人机尺寸姿势适应	桌面高度
			桌面宽度
			桌面深度
			桌面倾斜度
			手臂的活动范围
			腿脚的活动范围
			椅子座面的深度
			椅子座面的宽度

续表

	一级因素	二级因素	表述
4	人机适应性要素	人机尺寸姿势适应	椅子靠背的倾斜度
			椅子扶手的高度
		人机交互认知适应	桌面升降操作方式
			桌面倾斜度调节方式
			升降、倾斜调节变化幅度
			抽屉开合、收纳方式
			办公用品的摆放与收纳
			隔断的组合方式与尺度
			办公桌与办公椅的距离、位置
			常规办公设备的交互操作
			各类电脑等智能办公设备与常规交互操作
			自由控制权：拥有手动、电动、遥控操作
			常规桌椅调节操作模式、易学、容错
			可记忆：使用一次后容易记住
			效率：操作简便且效率高
		感觉及心理的适应	办公桌椅形态
			办公桌椅色彩
			材料软硬舒适度
			材料易清洁程度
			材料温度适宜性
			材料质感（价值等）
			光环境
			声环境
			空间领域感
			综合干扰因素
			其他
5	延展功能及创新体验	外观	符合用户审美和办公环境特征要求
		结构	稳固，安装简易，可以组合布局
		材料	环保
		功能多元化	满足更多使用需求，且不局限于办公需求
		智能化	智能识别姿势，自动调节，智能提供服务向导等
6	用户基本信息	性别	男、女
		年龄	年龄段
		使用频率	使用时长

通过具体案例研究，可以归纳分析出学习桌椅和办公桌椅的人机适应因素，这些因素涵盖基础层面的功能需求适应、中级层面的使用过程适应，以及高级层面的拓展体验性适应。目标用户的任务不同，在使用桌椅过程中，表现出的具体适应需求及出现的时间点，都会存在一定差异。上述研究侧重于对日常办公和学习桌椅的分析，而现代办公和学习行为在实际中是有一定相似性的，都有知识信息获取及解读认知的环节，会存在使用相似电子设备的情况，但在具体使用细节、使用的自由度和规律性等方面有较大差异。

由于适应性构成因素众多，且涉及多个层面，对于具体的使用者而言，其重要性并不完全相同。因此，在家具产品设计研究中，研发人员需要针对不同类型的桌椅系统进行分析，了解并确定目标使用群体及其对于桌椅人机适应的需求及程度，而后根据具体调查数据，完成功能性桌椅的人机适应性因素的重要程度排序，并以此为依据，提出相应的适应性设计方案，供不同使用人群选择。

二、桌椅人机适应性构成因素重要性调查

（一）问卷的设计与发放

在分析总结学习桌椅人机适应性构成因素的基础上，依据表 2-4 中一级和二级因素进行问卷的设计。问卷包含 16 项指标，问卷答案采用利克特五级量表法：1 表示不重要，2 表示较不重要，3 表示一般，4 表示较重要，5 表示非常重要。

本次问卷在全国范围内发放，参与者主要来自北京、重庆、江苏、浙江、广东、四川、河南、内蒙古等地区，总共回收有效问卷 467 份。

（二）问卷信度分析

为了保证本次问卷设计的合理性和准确性，使用 SPSS 软件对调查问卷进行信度分析。在 467 份问卷中，16 个题目总的克隆巴赫 α 系数（Cronbach's Alpha）为 0.948，按照分类统计数据计算克隆巴赫 α 系数，具体数值见表 2-6。统计结果显示 3 类问题的克隆巴赫 α 系数分别为 0.877、0.921、0.844，说明总体及分类下的题目均是合理的。

问卷信度分析 表 2-6

编号	因子名称	问题项	克隆巴赫 α 系数
B1	学习桌椅人机尺寸及姿势适应	C1 可调节桌椅高度及座椅靠背深度	克隆巴赫 α 系数 0.877 项目个数 7
		C2 可调节桌面倾斜度	
		C3 提供可调节、可拆卸式脚垫	
		C4 提供合理使用笔记本电脑等各类电子设备的空间	
		C5 提供家长陪读辅导的附属性空间及家具部件	
		C6 提供抽屉、储物柜和书架等存放物品空间	
		C7 智能引导学生保持合理姿势及坐姿时长	

续表

编号	因子名称	问题项	克隆巴赫 α 系数
B2	学习桌椅人机交互认知适应	C8 桌椅升降、倾斜等操作方式简单	克隆巴赫 α 系数 0.921 项目个数 6
		C9 桌椅升降、倾斜调节中的力度与幅度体验好	
		C10 学习桌的收纳功能及方式容易理解和操作	
		C11 学习桌配套照明、电源接口等附件安全易操作	
		C12 学习桌椅融入的电子化智能功能易理解和操作	
		C13 纠正坐姿提醒的方式儿童易于接受	
B3	感觉及心理适应	C14 学习桌椅材料的软硬、温度等适宜	克隆巴赫 α 系数 0.844 项目个数 3
		C15 学习桌椅形态、色彩符合小学生喜好	
		C16 学习桌椅营造良好的学习氛围	

（三）问卷效度分析

为了保证案例中问卷设计的有效性，使用 SPSS 25.0 软件的 KMO 检验（抽样适合性检验）和巴特利特（Bartlett）检验对问卷数据进行分析，对人机尺寸适应、交互认知适应、感觉及心理三部分提问统计数据进行 KMO 球形检验，系数分别为 0.869、0.899、0.725。三组数值都明显大于 0.5，且人机尺寸适应和交互认知适应两部分在 0.8 ~ 0.9 之间，说明变量间的相关程度无太大差异，数据很适合做因子分析。人机尺寸适应、交互认知适应、感觉及心理三部分提问统计数据的巴特利特球体检验的 χ^2 统计值的显著性概率 P 值小于 0.05，说明该问卷具有结构效度。

三、小结

本节具体分析了学习桌椅人机适应的构成因素，可以分为 6 个一级因素，以及更为细化的二级因素，并用简明语句进行表述，确保这些因素涵盖了目标用户使用学习桌椅完成学习任务的全过程。同时以相同的方式，分析总结办公桌椅人机适应性构成因素。桌椅适应性构成因素涉及面广，对于不同类型使用者的差异性需求，适应的重要性并不相同，因此再次开展重要性调查，并对问卷进行了信度和效度分析，为后续的重要性层次确定奠定基础。

第六节 桌椅人机适应性构成因素的层次分析

一、AHP 层次分析法

层次分析法（Analtyic Hierarchy Process，AHP）是一种层次权重决策分析方法。

常用于对决策问题的相关因素进行拆解、分析、比较、排序，以此处理复杂的决策问题，更是众多领域都可以使用的一种定性加定量的系统化有效决策方法。层次分析法的开展步骤是依据目标建立一个层次结构模型，在这个模型中，最上层为目标层，中间层是隶属于或影响目标层的相关因素层，即准则或指标层，最下层是方案层。

在本书中，通过对前期调查问卷的分析，发现人们对于构成学习桌椅适应性因素重要程度的认知并不相同。因此，使用 AHP 建立适应性评价模型，并确定各类因素对被试者评价的影响权重，依此对适应性因素进行排序与分析。

二、建立适应性指标结构体系模型

为了更好地对适应性因素进行重要程度排序，首先需要建立一个指标结构体系模型。在模型中，目标层是小学生使用者与学习桌椅之间构建动态平衡的适应性关系，准则层包含尺寸及姿势适应、人机交互认知适应、感觉及心理适应三个方面。指标层是更具体的 16 个细化的指标，如图 2-15 所示。

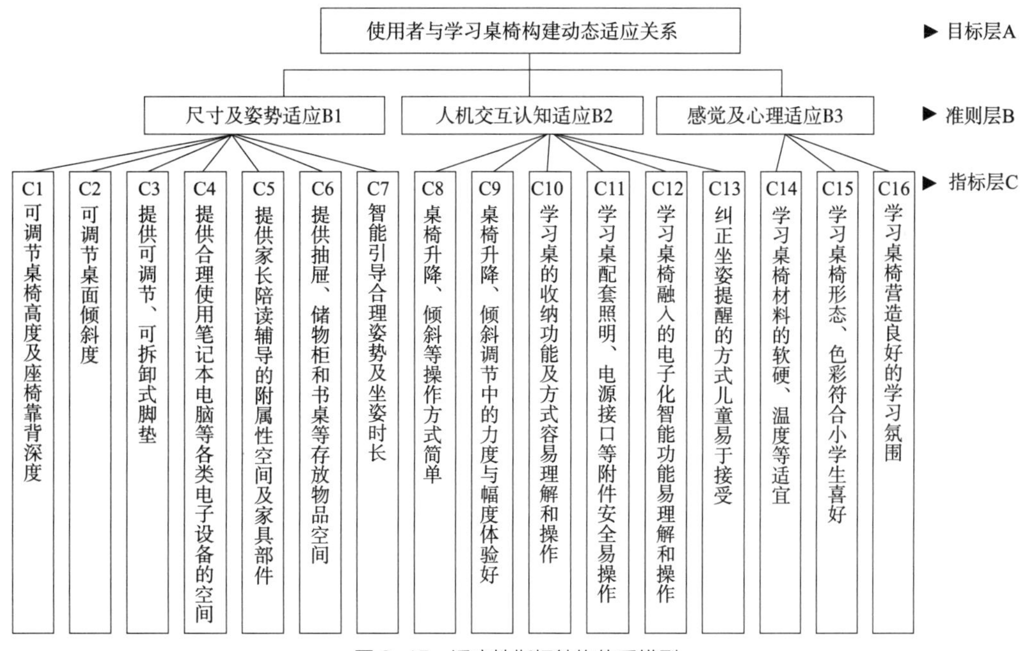

图 2-15　适应性指标结构体系模型

三、适应性指标权重计算方法及过程

（一）构建比较判断矩阵

当被试者从整体上给予某一类因素高分评价时，就说明这一类相关因素比较重要；反之，则说明该类因素对于适应性的重要性并不强。因此，将所有被试者在某一类指标层的得分率，即平均得分除以总分值所得到的数值，作为构造比较矩阵的依据。为了能够将两两对比的结果量化，利用 AHP 的判断尺度来构建比较判断矩阵，量化的判断尺度及其含义见表 2–7。

AHP 判断尺度及其含义　　表 2–7

判断尺度	含义
1	两个因素相比，具有同等重要性
3	两个因素相比，前一个因素比另一个因素的得分率高 10%，即前者比后者稍微重要
5	两个因素相比，前一个因素比另一个因素的得分率高 20%，即前者比后者比较重要
7	两个因素相比，前一个因素比另一个因素的得分率高 30%，即前者比后者十分重要
9	两个因素相比，前一个因素比另一个因素的得分率高 40%，即前者比后者非常重要
2，4，6，8	介于两个相邻判断的中间

通过分析可以得出全部被调查者在对使用者与学习桌椅构建适应性关系的 3 个主要方面的得分，具体数值见表 2–8。

若前一个因素与后一个因素的得分率不是 0.05 的整数倍（$0.05n+k$，$n>1$，$0<k<0.05$），则它们的差值距离相邻的哪个判断尺度更近，就判定它们属于该尺度。例如，两者差值为 0.12，其距离 0.10 比 0.15 更近，因此选择的标度就是 3。当差值为负数时，取它的绝对值对应的判断标度的倒数。例如，两者差距是 –0.12，则判断标度为 1/3。

本研究中，分析全部被调查人员对三大类问题的打分情况，见表 2–8。

被调查者三大类的得分情况表　　表 2–8

	B1 学习桌椅人机尺寸及姿势适应	B2 学习桌椅人机交互认知适应	B3 感觉及心理适应
满分	5	5	5
平均分	4.0440	4.2730	4.1328
得分率	0.8088	0.8546	0.8266

按照相对重要性权值的规定原则，应用表 2–8 中的数据，获得目标层 A 到准则层 B 的判断矩阵为：

$$\boldsymbol{R}_1=\begin{pmatrix} B_1-B_1 & B_1-B_2 & B_1-B_3 \\ B_2-B_1 & B_2-B_2 & B_2-B_3 \\ B_3-B_1 & B_3-B_2 & B_3-B_3 \end{pmatrix}=$$

$$\begin{pmatrix} 0.8088-0.8088 & 0.8088-0.8546 & 0.8088-0.8266 \\ 0.8546-0.8088 & 0.8546-0.8546 & 0.8546-0.8266 \\ 0.8266-0.8088 & 0.8266-0.8546 & 0.8266-0.8266 \end{pmatrix}=$$

$$\begin{pmatrix} 1 & -0.0458 & -0.0178 \\ 0.0458 & 1 & 0.0280 \\ 0.0178 & -0.0280 & 1 \end{pmatrix}$$

根据判断标度可知 0.0458、0.0280 接近 0.05，判断尺度为 2；0.0178 接近 0，判断尺度为 1。由此结果可得：

$$\boldsymbol{R}_1=\begin{pmatrix} 1 & 1/2 & 1 \\ 2 & 1 & 2 \\ 1 & 1/2 & 1 \end{pmatrix} \tag{2-1}$$

同样，全部被调查人员对 16 个细化指标的打分情况，见表 2-9 ~ 表 2-11。

全部被调查人员对学习桌椅人机尺寸及姿势适应指标的打分情况表　　表 2-9

公因子	C1	C2	C3	C4	C5	C6	C7
满分	5	5	5	5	5	5	5
平均分	4.41	3.85	3.60	3.95	3.85	4.19	4.46
得分率	0.88	0.77	0.72	0.79	0.77	0.84	0.89

全部被调查人员对学习桌椅人机交互认知适应细化指标的打分情况表　　表 2-10

公因子	C8	C9	C10	C11	C12	C13
满分	5	5	5	5	5	5
平均分	4.19	4.20	4.27	4.39	4.08	4.52
得分率	0.84	0.84	0.85	0.88	0.82	0.90

全部被调查人员对感觉及心理适应细化指标的打分情况表　　表 2-11

公因子	C14	C15	C16
满分	5	5	5
平均分	4.23	3.81	4.35
得分率	0.85	0.76	0.87

对于学习桌椅人机尺寸及姿势适应细化指标 C1 ~ C7，构造相关系数的矩阵为：

$$\boldsymbol{R}_2=\begin{pmatrix} 1 & 3 & 4 & 3 & 3 & 2 & 1 \\ 1/3 & 1 & 2 & 1 & 1 & 1/2 & 1/3 \\ 1/4 & 1/2 & 1 & 1/2 & 1/2 & 1/3 & 1/4 \\ 1/3 & 1 & 2 & 1 & 1 & 1/2 & 1/3 \\ 1/3 & 1 & 2 & 1 & 1 & 1/2 & 1/3 \\ 1/2 & 2 & 3 & 2 & 2 & 1 & 1/2 \\ 1 & 3 & 4 & 3 & 3 & 2 & 1 \end{pmatrix} \tag{2-2}$$

对于学习桌椅人机交互认知适应细化指标 C8 ~ C13，构造相关系数的矩阵为：

$$R_3=\begin{pmatrix} 1 & 1 & 2 & 1/2 & 1 & 1/2 \\ 1 & 1 & 1 & 1/2 & 1 & 1/2 \\ 1 & 1 & 1 & 1 & 2 & 1/2 \\ 2 & 2 & 1 & 1 & 2 & 1/2 \\ 1 & 1 & 1/2 & 1/2 & 1 & 1/3 \\ 2 & 2 & 2 & 2 & 3 & 1 \end{pmatrix} \tag{2-3}$$

对于感觉及心理适应细化指标 C14 ~ C16，构造相关系数的矩阵为：

$$R_4=\begin{pmatrix} 1 & 3 & 1 \\ 1/3 & 1 & 1/3 \\ 1 & 3 & 1 \end{pmatrix} \tag{2-4}$$

（二）一致性检验

为了合理判断矩阵的一致性，需要进行一致性指标 CI 和随机一致性指标 CR 的计算：

$$CI=\frac{\lambda_{max}-n}{n-1} \tag{2-5}$$

$$CR=\frac{CI}{RI} \tag{2-6}$$

其中，n 为矩阵阶数，RI 为随机一致性指标，取值见表 2-12。

RI 值　　表 2-12

阶数	1	2	3	4	5	6	7	8	9	10
RI	0	0	0.58	0.89	1.11	1.25	1.35	1.4	1.45	1.49

当 $CR < 1$ 时，则认为判断矩阵具有满意的一致性。

对于目标层 A 到准则层 B 的判断矩阵 R_1：$\lambda_{max} = 2.99$，$CI = 0$，$CR = 0 < 0.1$，通过一致性检验。

对于学习桌椅人机尺寸及姿势适应的判断矩阵 R_2：$\lambda_{max} = 7.04$，$CI = 0.0070$，$CR = 0.0052 < 0.1$，通过一致性检验。

对于学习桌椅人机交互认知适应 R_3：$\lambda_{max} = 6.09$，$CI = 0.0189$，$CR = 0.0151 < 0.1$，通过一致性检验。

对于学习桌椅的感觉及心理适应 R_4：$\lambda_{max} = 3$，$CI = 0$，$CR = 0 < 0.1$，通过一致性检验。

（三）权重计算

1. 一级指标权重计算分析

在对一级指标进行分析后，得出 B1 学习桌椅人机尺寸及姿势适应的权重值为 0.25，

B2 学习桌椅人机交互认知适应的权重值为 0.5，B3 感觉及心理适应的权重值为 0.25。从数据分析可以看出学习桌椅人机交互认知适应相对于其他两项指标更为重要，也代表着这是大多数被试人员更关注的内容。

2. 二级指标权重计算分析

对二级指标 C1 ~ C7 进行权重分析，所得结果见表 2–13。其中，C1 可调节桌椅高度及座椅靠背深度的权重，与 C7 智能引导学生保持合理姿势及坐姿时长的权重相同，皆为 0.262，在这 7 项中权重排序位于最前面。C6 提供抽屉、储物柜和书架等存放物品空间的权重为 0.157，位于第二位。C2 可调节桌面倾斜度的权重与 C4 提供合理使用笔记本电脑等各类电子设备的空间的权重，以及 C5 提供家长陪读辅导的附属性空间等的权重，皆为 0.089，三项权重相同，位于第三位。C3 提供可调节、可拆卸式脚垫的权重为 0.052，位于第四位。可见，桌椅高度及座椅靠背深度可以调节、智能引导学生保持合理姿势及坐姿时长是关注的重点。

二级指标 C1 ~ C7 权重　　表 2–13

二级指标	C1	C2	C3	C4	C5	C6	C7
权重	0.262173	0.088624	0.052380	0.088624	0.088624	0.157401	0.262173

对二级指标 C8 ~ C13 进行权重分析，所得结果见表 2–14。其中，C13 纠正坐姿提醒的方式儿童易于接受的权重为 0.296，位于第一位。其后是 C11 学习桌配套照明、电源接口等附件安全易操作，权重为 0.197。C10 学习桌的收纳功能及方式容易理解和操作位于第三位，权重为 0.157。其次是 C8 桌椅升降、倾斜等操作方式简单，与 C9 桌椅升降、倾斜调节中的力度与幅度体验好的权重值相同，皆为 0.124，位于第四位。C12 学习桌椅融入的电子化智能功能易理解和操作的权重为 0.103，位于该组权重最后一位。从分析数据可以看出，大部分被试人员认为桌椅所提供的纠正坐姿提醒方式被儿童接受是极为重要的，远高于其他指标项。

二级指标 C8 ~ C13 权重　　表 2–14

二级指标	C8	C9	C10	C11	C12	C13
权重	0.123594	0.123594	0.156613	0.197174	0.102640	0.296384

对二级指标 C8 ~ C13 进行权重分析，所得结果见表 2–15。其中，C14 学习桌椅材料的软硬、温度等适宜与 C16 学习桌椅营造良好的学习氛围两项的权重值相同，皆

为 0.429。其次是 C15 学习桌椅形态、色彩符合小学生喜好，权重值为 0.143。从分析数据可以看出，大部分被试人员认为桌椅材料的软硬、温度等适宜以及桌椅营造良好的学习氛围相对很重要，更注重小学生使用过程中的生理和心理的感受。

二级指标 C14 ~ C16 权重　　表 2–15

二级指标	C14	C15	C16
权重	0.428571	0.142857	0.428571

3. 综合权重分析

利用上述同一层次排序结果，通过加权，进而计算层次总排序，具体见表 2–16。分析后获得各因子总权重排序为：C13 ＞ C16 = C14 ＞ C11 ＞ C10 ＞ C7 = C1 ＞ C9 = C8 ＞ C12 ＞ C6 ＞ C15 ＞ C5 = C4 = C2 ＞ C3。由数据可知，纠正坐姿提醒的方式儿童易于接受（0.148192）在所有指标项中最重要，其次是学习桌椅材料的软硬、温度等适宜（0.107143），学习桌椅营造良好的学习氛围（0.107143），再次是学习桌配套照明、电源接口等附件安全易操作（0.098587）。由此可见，大部分被试人员更关注学习桌椅健康和安全特征，关注桌椅对小学生使用过程中的生理和心理认知的影响。人们关注桌椅提供的坐姿引导，而引导的方式则更重要。

综合权重　　表 2–16

指标项	子指标项	综合权重
B1 学习桌椅人机尺寸及姿势适应	C1 可调节桌椅高度及座椅靠背深度	0.065543
	C2 可调节桌面倾斜度	0.022156
	C3 提供可调节、可拆卸式脚垫	0.013095
	C4 提供合理使用笔记本电脑等各类电子设备的空间	0.022156
	C5 提供家长陪读辅导的附属性空间等	0.022156
	C6 提供抽屉、储物柜和书架等存放物品空间	0.039350
	C7 智能引导学生保持合理姿势及坐姿时长	0.065543
B2 学习桌椅人机交互认知适应	C8 桌椅升降、倾斜等操作方式简单	0.061797
	C9 桌椅升降、倾斜调节中的力度与幅度体验好	0.061797
	C10 学习桌的收纳功能及方式容易理解和操作	0.078307
	C11 学习桌配套照明、电源接口等附件安全易操作	0.098587
	C12 桌椅融入的电子化智能功能易理解和操作	0.051320

续表

指标项	子指标项	综合权重
B2 学习桌椅人机交互认知适应	C13 纠正坐姿提醒的方式儿童易于接受	0.148192
B3 感觉及心理适应	C14 学习桌椅材料的软硬、温度等适宜	0.107143
	C15 学习桌椅形态、色彩符合小学生喜好	0.035714
	C16 学习桌椅营造良好的学习氛围	0.107143

四、适应性指标层次分析结果

（一）常规静态适应

指标 C1 ~ C5 属于 B1 学习桌椅人机尺寸及姿势适应范畴，其中所描述的内容在现有常规儿童学习桌椅中是基础的静态适应。考虑到儿童的成长特性，儿童专用桌椅大多会设置一定的调节功能，在这些调节设置中，C1 可调节桌椅高度及座椅靠背深度权重为 0.065543，相对最高，说明用户更重视桌椅高度和靠背深度的适应。指标 C14 ~ C16 属于 B3 感觉及心理适应范畴，其中所描述的内容也是儿童桌椅设计时常规基础目标。因此，这两大类一级指标的实现，可以在不同程度上满足用户对桌椅人机适应的基础要求。这类适应一旦形成，将在一定的时间内使人达到身心的平衡状态，构成静态适应。这种静态适应正是本书下面章节中所要阐述的桌椅系统初级人机适应的内容。

（二）发展中的动态适应

指标 C8 ~ C13 所关注的是桌椅具体的调节方式、操作的简便程度，以及使用过程中带给用户的体验感受等。这些参数是在桌椅可调节特性基础上的进一步发展。人们虽然认为桌椅具有调节功能重要，但更关注发展中的具体调节过程，即 B2 学习桌椅人机交互认知适应所阐述的具体内容。这种适应可以随着技术的发展不断改进，并且可以随着用户动态使用过程而不断变化。根据各级权重数据比较结果可以看出，受访者更关注学习桌椅人机交互认知适应，这也说明在现有桌椅可以实现人机尺寸调节时，使用者需要更加人性化的动态调节过程，以及良好的使用认知体验。因此，要构建学习桌椅人机适应性就需要着重关注交互方式，让调节的过程更加智能化、人性化。传统学习桌椅实现的是静态的尺度适应，使用者通过一次次的调节，使桌椅达到预设的适应状态，但这种状态相对只能维持一段时间，而人却是处于变化之中，因此人与桌椅在这种静态适应中表现出来的交互程度十分有限，由于交互的主导者始终是人，桌椅只能被动改变以满足调控者的预设要求。而在现实环境中，小学生对桌椅进行调节操作的程度并不高，这也降低了桌椅使用中的舒适度与健康特性。因此，人们希望通过简化操作难度、强化操作的易理解性或者通过更智能化的技术介入实现自动化的改变，让适应的过程不再停留于静态，成为一种真正的人机动态适应。

为了能够优化适应性调节操作、降低操作难度，让调节过程更易理解并带来优质的交互体验，就需要不断更新技术，而当下智能技术的发展，就是一个有效的解决途径。因此，引入智能化控制，形成更人性化的调节过程，让智能系统帮助使用者做出调节的决定，执行调节的动作，以降低人为控制难度。这种智能化的调控，首先需要感知目标用户的实时状态，再进行分析判断和预测，进而对桌椅给予相应的调控指令。而在学习桌椅人机适应系统中，要达到这一目标，前提是需要准确了解学生的坐姿行为习惯，以便智能技术能够精准地对自然状态下的坐姿行为进行动态的追踪捕捉，只有该数据准确，才能保证随后的预测及动态调节与用户状态相吻合。而这种基于坐姿行为的桌椅动态适应，也是本书所要分析的桌椅系统的中级人机适应。

综上所述，学习桌椅人机适应性的研究案例反映出一类具体功能型桌椅与目标使用人群之间的适应过程、适应性因素以及使用者对于适应性重要性的认知。而其他功能类型的桌椅，如办公、餐饮、休闲等场景下使用的桌椅，因其服务的人群及所提供功能的差异性，使得桌椅具体的适应性表现各不相同，但这些桌椅系统在不断发展中将始终围绕使用者，构建初级的静态适应、中级的动态适应，以及高级的智能交互适应，这些不同层次的适应可以满足人在各类环境中的多元化使用需求。

五、小结

本节基于前期进行的学习桌椅人机适应性调查，对桌椅人机适应因素进行层次分析，重点建立适应性指标结构体系模型，并进一步计算各级指标权重。通过计算分析得出：在常规静态适应中，桌椅高度及座椅靠背深度可调节是该类型用户最关注的因素，而在动态适应中，用户更关注桌椅的人机交互认知适应，期望更加人性化的动态调节过程。这也正是当下人工智能技术介入家具产品后，不断在尝试和努力的方向。

本章结语

本章从“适应”一词的解析开始，挖掘“适应”的本质及其在不同领域中的关联属性，分析“适应”在桌椅类家具中的具体表现特征及深层含义。而后对桌椅人机适应性的基础条件进行系统梳理与分析，在此基础上，以学习桌椅为例，结合现有使用情况反映出的适应程度，进一步确定桌椅适应性的构成因素及适应性因素的重要性排序，揭示了桌椅人机适应性的三个层级：初级的静态适应、中级的动态适应，以及高级的智能交互适应。

使用者对于不同功能型的家具有各自不同的认知与需求表现，这一点也体现在对桌椅人机适应性的理解与具体要求上。人在学习、办公、餐饮、休闲等具体行为过程中，会根据自身实时需要对桌椅产生不同程度的适应性要求，此时细分的适应需求会有主次顺序，重要程度也不完全相同。因此，作为设计人员，需要深度了解目标用户行为发生的全过程，了解使用者在不同任务环境下的实际适应性需求，构建相应的适应性应对解决方案，让桌椅具有可调节性的适应性系统，满足人动态行为中的需求变化。

第三章

桌椅基础属性及初级人机适应性设计

第一节　学习桌椅基础属性与人机适应性设计

桌椅的基础属性包含功能、造型、材料、结构等，这些属性是桌椅系统与使用者、环境形成交互关系的基本条件。不同类型的桌椅针对的使用群体和外在环境不同，因而具有的基础属性也会存在一定差异，下面分别以学习桌椅和办公桌椅为例，详细分析这两类桌椅的基础属性所构建的初级人机适应关系。

学习桌椅的基础属性是构成人机适应的重要因素之一。首先，学习桌椅的功能、造型、结构、材料等因素构成一个有序的整体，它们之间相互作用且保持一种平衡的状态，而科技的发展则不断加速着这些因素的交叉与融合。每一项因素的突破与创新，都将带来学习桌椅整体的改变，也就意味着其与使用者之间的人机适应关系在发生着变化。这种变化不会停止，而是将一直向前发展，使用者始终都是这些基础属性发展所围绕的中心，而他们之间所形成的动态适应关系将成为检验其发展创新的一个标尺。其次，学习桌椅的这些属性在构成人机适应过程的不同阶段，所表现出来的重要性也不尽相同。学生的学习行为及认知在不同年龄阶段存在差异，因此，在使用过程的各个阶段受到桌椅各属性的影响程度也有主次之分，需根据实际情况综合分析后进行判断。

一、功能特点与人机适应性

学习桌椅的功能是针对学生这一特定人群日常学习需要，提供可以支撑身体、维持健康的身体姿势，保证其能顺利完成整个学习行为过程所提供的一系列功能。这些不同的功能按照其属性特征分为基础承重及调节功能、辅助管理功能、学习设备的延展功能等，如图 3-1 所示。

（一）基础功能

学习桌椅具有一定的承重支撑功能，能够支撑使用者的身体重量，可以水平放置学习物品，提供可以竖向放置部分物品的支架，如阅读架、平板电脑支架等。同时，由于不同年龄阶段的学生身体特征持续变化，尤其是处于成长变化期的学生，身体特征差异较大，为了适应不同学生的实际情况，家用学习桌基本功能还包括桌面高低、桌面倾斜角度、面积尺度等的调节。学习椅同样具有座椅高低、倾斜度、坐深、靠背高度等的调节功能。这些最基础的调节功能确保了桌椅的初级适应性，适应不同的使用者以及不同的使用目的，实现普通书写、阅读、绘画、使用电子产品、站立等不同状态的转换。

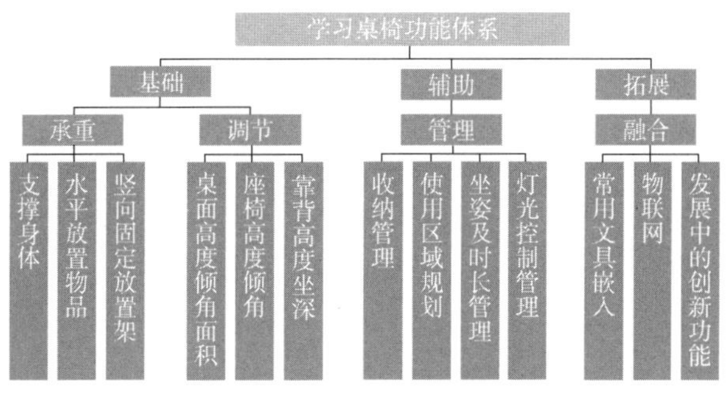

图 3-1　小学生学习桌椅功能体系

（二）辅助管理功能

学习桌椅的辅助管理功能分为收纳管理、使用区域引导管理、坐姿及坐姿时间管理。通常情况下学习桌为了配合不同年龄段学生学习任务的需要，设置了收纳物品的抽屉，抽屉内有一定的分格，可以帮助学生养成良好的物品收纳、分类习惯。而桌面有一定的规划分区，引导使用者合理放置物品，提高学习效率。考虑到家长的陪读，一些学习桌的桌面设有相应的陪读区域。为保证使用者坐姿的健康以及防止近视，学习桌椅可以设置相关坐姿管理及久坐时间提示管理功能；为了确保使用时的光照亮度，附属管理功能还可包含配套照明灯及亮度管理。

（三）学习设备的延展功能

除了上述功能外，学习桌椅从学生学习行为需求出发，融合部分学习工具的功能并加以拓展，例如作为防滑边缘的标尺这一类简单的功能，或是融合电子学习资源的触控屏幕实体桌面这一类颠覆性的复杂功能。这些不同的功能始终围绕着使用者实际需求展开，具有主次之分，用户可以在选购及使用过程中根据自身实际情况进行配置。调查数据显示，功能需求程度由强至弱为：支撑承重、高低调节、倾斜调节、文具等收纳管理、坐姿管理、物品支架、灯光等。随着各类新型技术的发展和智能学习环境的改变，学习桌椅的功能正在不断地优化与创新。功能具体呈现的形式也将更加符合不同年龄段学生的行为习惯，以期达到真正的身心适应。例如，防止近视的坐姿纠正功能，如图 3-2 所示，从原始简陋的方法到专门的手动调节发展到光线检测，随着传感技术的发展，未来还将出现更加人性化的纠正方式。

学习桌椅的功能设定是基于变化中的学生实际需求，既要符合学生身心发展特征，适应学生的成长和学习行为，也要通过技术等因素的创新引导学生去适应环境、适应更加健康的坐姿行为和高效的学习方式并逐步养成习惯。在各类智能技术推动下的桌椅功能不断发展，其本质是对人体功能的延伸、强化或替代。更加“智慧”的学习桌椅，是将人的思维逐步嵌入家具中，通过机器学习的方式，加速人机的进一步融合，促进人与家具的整体性，达到真正的人机适应。因此，学习桌椅的功能发展对人机适

原始简陋的纠正方法

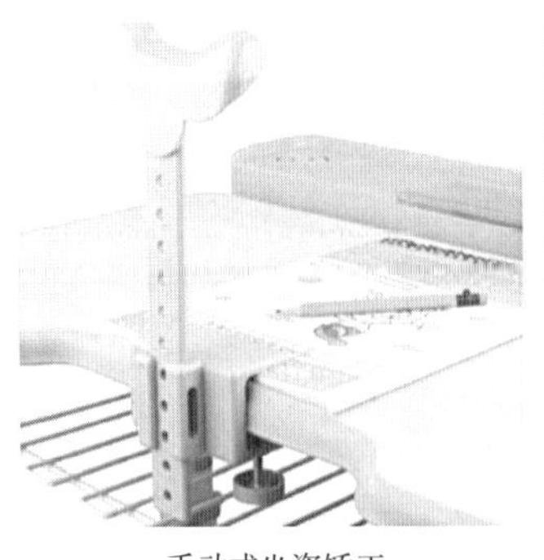

手动式坐姿矫正

光线检查智能正姿

图 3-2 纠正坐姿功能方式的发展

应关系的建立有着极为重要的影响，合理的功能将是使用者与桌椅之间动态适应的有效保证。

二、造型及尺寸特点与人机适应性

造型是人类认识事物最直观的方式，是各种功能、信息、规律、关系的载体。学习桌椅的造型包含着形式、尺寸、色彩、质感等因素，这些因素有序地相互联系，综合地传递着它的实用性及所蕴含的审美特性。目前市场上不同品牌的学生学习桌椅的形式差异并不大，说明经过消费市场的检验，差异不大的“基本款”已经成为人们所认可的典型。当典型和新颖作为家具产品造型审美的判别因子时，人们将首先偏好典型性，但如果创新的造型形式不影响典型性，人们将会喜欢创新的形式。因此，小学生学习桌椅造型的创新应该在市场可以接受的范围内，这也正是美国工业设计奠基人雷蒙德·费尔南德·洛伊（Raymond Fernand Loewy）所提出的“Most Advanced Yet Acceptable”（最先进而又可接受）理论。但面对各类新型智能技术带来的颠覆性改变时，如果学习桌椅需要采用全新的造型语言，如图 3-3 和图 3-4 所示，就需要等待市场经历一个接受的过程，这也是人的认知及消费文化与桌椅造型动态适应的一种表现。

图 3-3 交互式多点触控桌

图 3-4 新型学习桌

小学生学习桌椅属于儿童产品的范畴，成人购买儿童使用，因此在分析造型属性对使用者人机适应性的影响时，将更加侧重儿童的认知与审美习惯。

因此，在本书案例研究中，首先还是关注市场已经接受的典型造型。目前，学习桌有两种基本型式：有书架的和无书架的，如图 3–5 和图 3–6 所示。具体组成部分有桌面、桌腿、桌脚、脚轮、抽屉收纳盒、桌面调节控制组件、拆卸式阅读架或平板电脑支架、储物附件、安全防撞配件、绕线器集线盒等。两种型式学习桌的基本尺寸包含桌面高、桌面宽、桌面长、活动面板长、活动面板宽、面板厚度、阅读架长和宽、书架高、书架长、书架深、书架面板厚、脚长、脚宽、两脚宽、抽屉长、抽屉深、抽屉高、脚轮直径、活动面板可调节角度等。市面上现有各种品牌的学习桌具体尺寸存在一定的差异，但都在相应人机适宜的范围内。选取市面上比较成熟的 3 个品牌的中等型号学习桌的尺寸进行对比，可以看出桌面宽度、深度尺寸和高度及倾角调节范围并不完全一致，但相互之间的差异极小，见表 3–1。

3 个品牌学习桌部分尺寸对比　　表 3–1

品牌	产地	学习桌型号	宽（mm）	高（mm）	深（mm）	活动面板倾斜角度
KETTLER	德国	LOGO UNO X	1150	540 ~ 830	720	0° ~ 35°
TCT NANOTEC	中国台湾	G6–L	1170	560 ~ 830	810	0° ~ 50°
松堡王国	中国深圳	T002	1145	590 ~ 750	610	0° ~ 30°

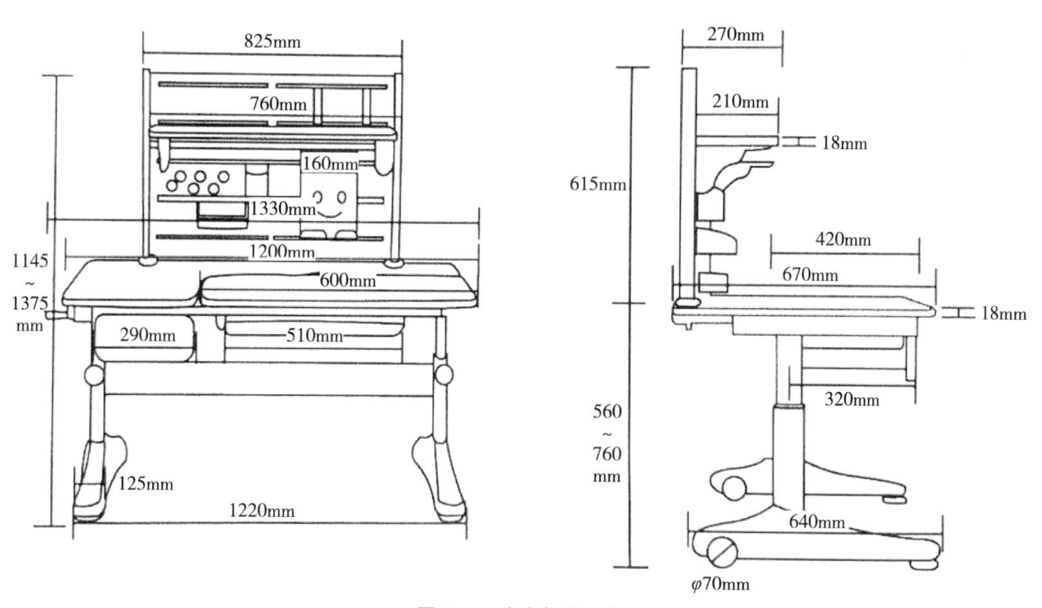

图 3–5　有书架学习桌

来源：深圳市人体工程学应用协会 . 人体工程学儿童学习桌椅要求：T/SAEA 9501—2018 [S]. 2019.

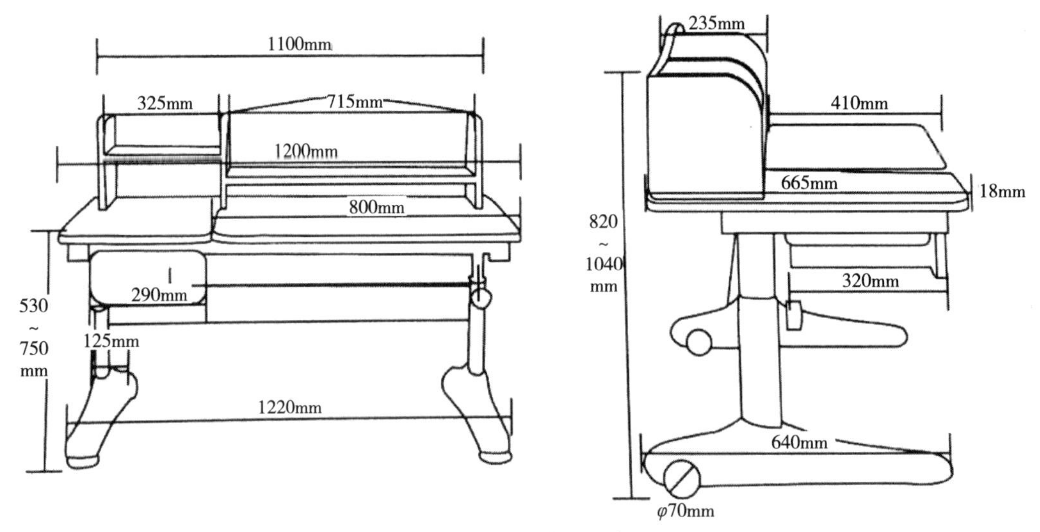

图 3-6 无书架学习桌

来源：深圳市人体工程学应用协会 . 人体工程学儿童学习桌椅要求：T/SAEA 9501—2018 [S]. 2019.

学习椅有两种基本型式：有扶手型和无扶手型，如图 3-7 和图 3-8 所示。组成部分有坐垫、靠背、扶手、气压升降装置、脚轮、脚踏等。两种型式学习椅的基本尺寸包含座高、座宽、座深、座厚、背高、背宽、背厚、靠背升降高度、脚踏厚、脚踏宽、脚踏深、脚踏升降高度等。市面上目前各种品牌的儿童学习椅的具体尺寸同样存在一定的差异，属于相应人机适宜的范围。选取市面上比较成熟的 3 个品牌的中等型号学习椅的尺寸进行对比，可以看出市场上学习椅具体尺寸设定上差异并不大，见表 3-2。

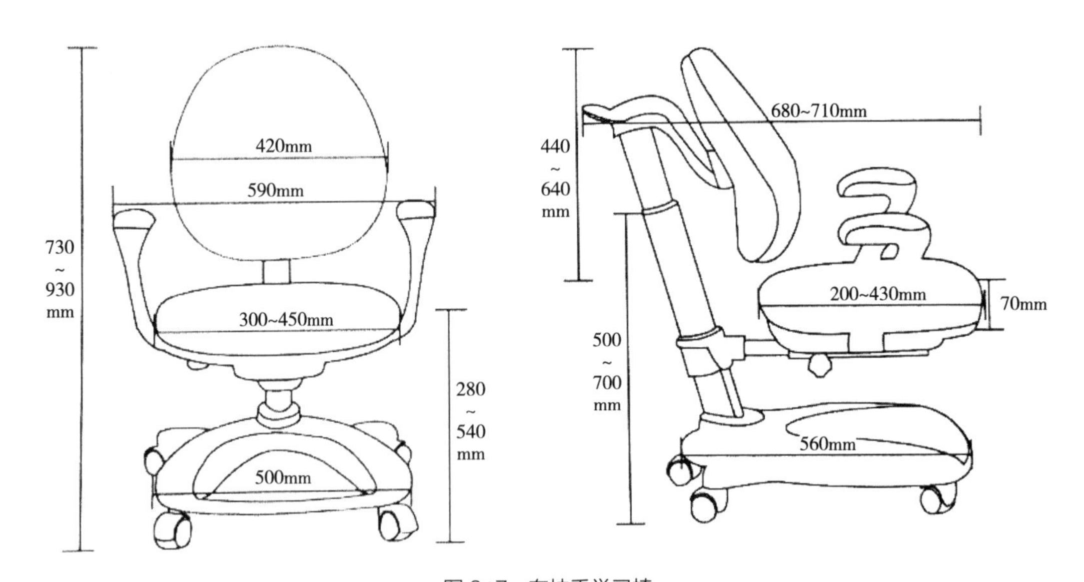

图 3-7 有扶手学习椅

来源：深圳市人体工程学应用协会 . 人体工程学儿童学习桌椅要求：T/SAEA 9501—2018 [S]. 2019.

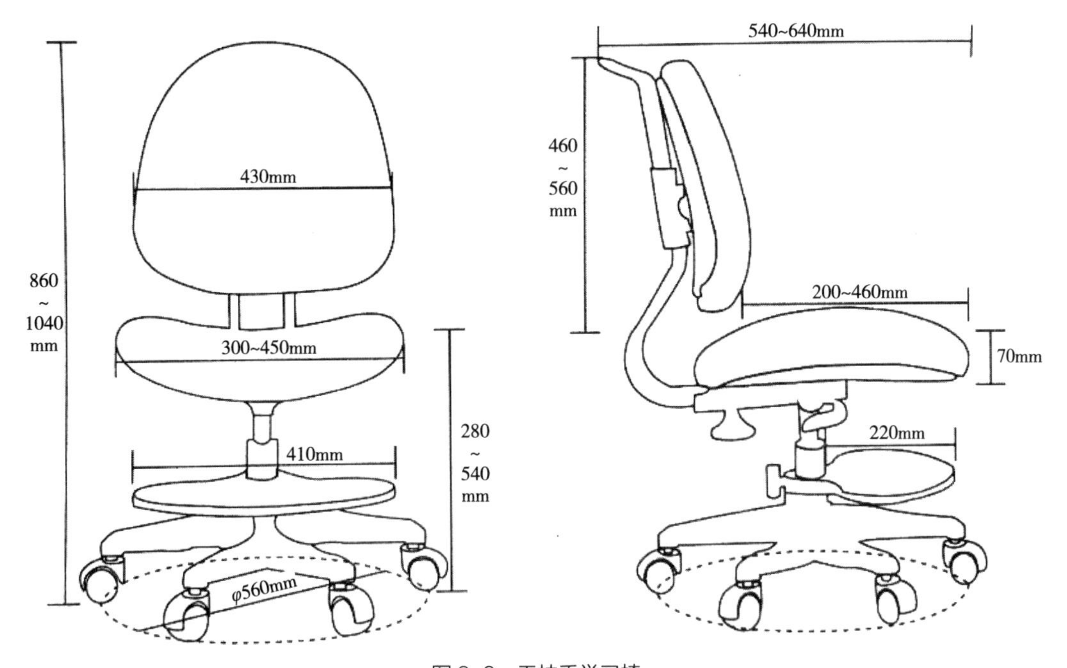

图 3-8　无扶手学习椅

来源：深圳市人体工程学应用协会 . 人体工程学儿童学习桌椅要求：T/SAEA 9501—2018 [S]. 2019.

3 个品牌学习椅部分尺寸对比　　表 3-2

品牌	产地	学习椅型号	整体宽（mm）	整体高（mm）	深度（mm）	座面高度范围（mm）
KETTLER	德国	BERRI COLORED	600	1000	600	360 ~ 520
TCT NANOTEC	中国台湾	DUO	600	850	600	450 ~ 560
松堡王国	中国深圳	Bach	670	920	570	345 ~ 465

学习桌椅造型的动态人机适应性主要体现在能够与学生变化中的行为习惯、认知及审美形成一种动态适应关系。造型的构成要素包含形式、尺寸、色彩、质感等，而每一项要素都与人机适应性产生着关联。

首先，造型中的形式因素和学生对桌椅功能的需求有着最直接的联系，例如功能决定了桌面的布局与秩序，决定了各构成要素的位置，如垂直、水平或倾斜的状态，以及各要素之间的比例、节奏、韵律的关系。合理的功能布局将体现出使用过程的有序性，有序就能够适应人的行为习惯，令使用者的行为动作从大脑意识的控制转化为自身本能的行为。这就是本研究开始所提出的理想中的人机适应性的一种表现。

其次，造型的形式因素还反映着家具的结构，而结构的特点之一就是有序，当这一特点与功能布局中的秩序共同显现时，便成为美感来源之一。美国数学家柏克霍夫（G. Birkhoff）提出审美度与秩序感（Order）成正比，与复杂性（Complexity）成反比，

即 $M=O/C$。由此可知，造型中的秩序感会带来审美愉悦。而这种隐性的秩序更重要的作用是影响学生的心智成长及行为习惯的培养。秩序感是人对于事物的空间布局、存在形式、归属或事件发生顺序所提出的和谐、有序的基本要求。成长中的学生在认知发展过程中，会调整自己的心理结构去适应周边环境，而环境中所隐含的秩序将会引导学生改变自己动作的组织与结构。因此，造型中形式要素和人机适应性存在着的关联性可以概括为图 3–9。

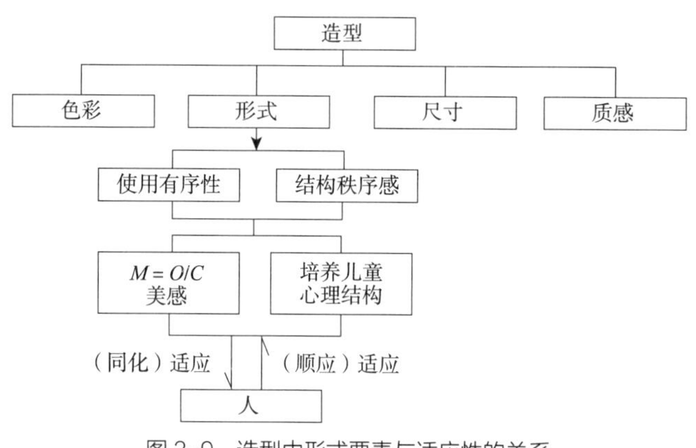

图 3–9　造型中形式要素与适应性的关系

造型中的尺寸要素所体现的人机适应关系是最普遍意义上的适应，大量持续的研究数据提供了学生学习坐姿中的合理尺寸要求，以实现桌椅高度、角度与学生人体测量数据的匹配。成长阶段的学生身高变化较明显，因此学习桌椅尺寸与使用者身体尺度的适应性会直接影响身体骨骼与肌肉的健康成长。在现有人机数据资料中将未成年人坐姿尺寸按照年龄阶段（4 ~ 6 岁、7 ~ 10 岁、11 ~ 12 岁、13 ~ 15 岁、16 ~ 17 岁等几个年龄段）划分，实际使用的家用学生桌椅通常采用可调节方式，在一定范围内适应不同年龄段学生身体特征，但动态过程中适应的精准程度无法准确保证。

色彩和质感都属于桌椅外部造型特征要素，使用者通过视觉与触觉获取色彩与质感的信息。在小学年龄段，视觉已在人体整个感觉系统中占主导地位，人对色彩的辨识能力也在不断提高：在 10 岁时视觉的调节能力最大，一年级学生只能辨别 3 种不同的红色、2 种不同的黄色，但经过训练后平均辨别 12 种红色、10 种黄色、6 种绿色和 4 种蓝色。色彩能够带来生理感受和心理活动。实验证明强光照射下的色彩、高饱和度的色彩以及电磁波较长的色彩都能引起高度的兴奋，造成强烈的刺激，包括肌肉弹性增加、血液循环加快等反应。由于色彩的这些特殊属性，实际应用中需注意与观者之间的适应关系。

因此，学习桌椅造型中的色彩所具有的审美认知功能是以不影响学生主要学习行为活动为前提的，不具有强烈的感官刺激性。感觉器官接受这种恒定不变的信号一段时间后，几乎不做出反应的现象就是感觉适应，如图 3-10 所示。质感与色彩一样可以造就视觉美感，同时还可以带来触觉感受的差异。同样，恒定低强度的质感信号也可以实现感觉上的适应。

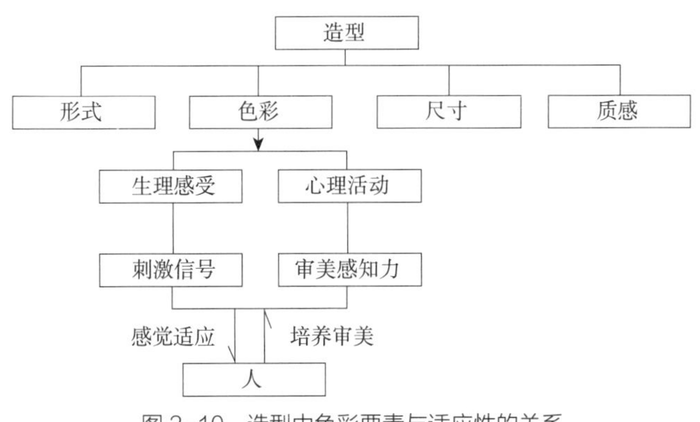

图 3-10　造型中色彩要素与适应性的关系

三、结构及调节方式特点与人机适应性

学习桌椅通常采用金属框架结构和木质框架结构，一般钢架用量较多的桌子，具有稳固支撑特性，具有成长性，可以适应不同身体特征的学生，以及个体随年龄变化带来的骨骼体形差异，调节结构在这个过程中发挥着极为重要的作用。具体的调节结构有手动调节升降并通过档位固定、摇臂式机械升降、气压式机械升降、电子式全自动升降等。图 3-11 左图为欣美和松堡王国两个品牌的全自动电子控制学习桌。右图为 Ergovida 和 Paidi 两个品牌的气压式及摇臂式学习桌。

结构与调节方式不同，操作的难易程度、成本及维护等方面也存在差异。对于低龄学生来说，调节方式相对复杂的桌椅在改变高度或者倾角时，需要家长协助，但由于家长不一定能确保适时地调节，尤其是小学阶段儿童的肌肉骨骼成长每天都在发生

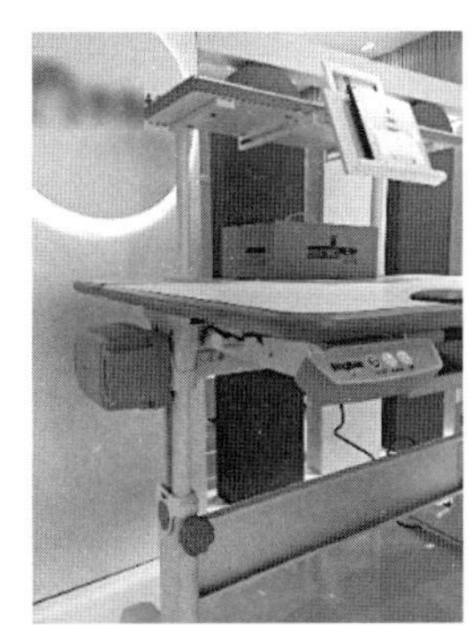
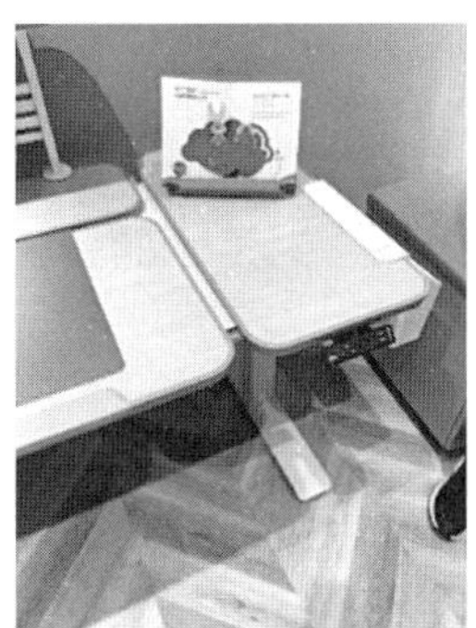
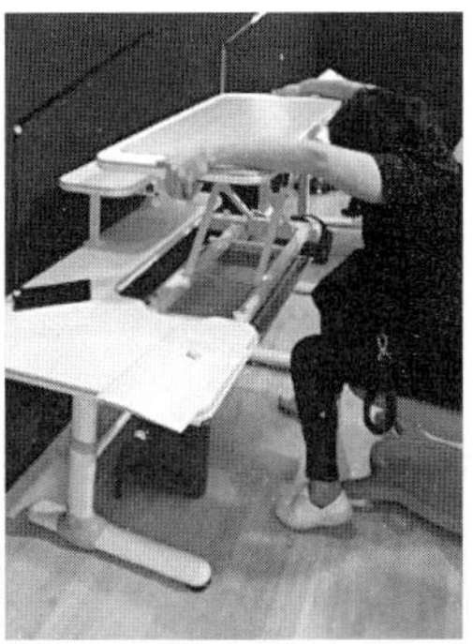

图 3-11　不同调节方式的学习桌椅

变化，工作繁忙的家长有时会意识不到儿童这种快速的改变，造成了桌椅尺寸适应性调整过程的滞后，出现学生身体特征与桌椅不能完全适应的状况。

四、材料与人机适应性

学习桌椅框架结构材料主要为金属和木材。除整体框架外，其他部件材料有防火板、塑料件、软包件等。木质板材具有防火、甲醛释放量极小等特征。塑料通常采用可回收再利用的原料，健康环保。软包部件材料包含皮革、针织面料、普通网布和空气网布、高密度海绵等。这些材料的属性特征对学生使用过程中的身心影响，体现着其所具有的人机适应的特性。

学生可以通过身体与桌椅直接接触，感知软硬、冷暖、粗糙与光滑、干湿等。在使用桌椅的过程中通过肢体的动作，接触感知桌椅表面材料，或施加压力于桌椅与身体的接触面，通过作用力与反作用力来体会软硬的程度。这些触觉体验会逐步在学生的大脑中形成触觉认知，积累成为对事物的触觉经验。学生对于座椅材料的感知在坐姿行为中表现最明显，坐姿状态下，人体重量的 75% 由坐骨结节支撑，而坐骨结节下方的座椅材质会进一步对其给予支撑。因此，座椅材质的软硬直接影响使用者的身心感受。当久坐时，遇到材质过硬的座椅，使用者的臀部肌肉便会感到不适，进而腿部也会感到麻木甚至疼痛。这种情况下，学生的坐姿就会不断调整，频繁的变化会直接影响学习的效率。同样，材料的温度与透气散热特性，也会影响使用者的身心感受，尤其是在外部环境温度不理想时，桌椅材质对使用者生理、心理的影响特征更明显。因此，要达到人机适应的过程和状态，就不能忽视桌椅基本属性中材料的特点。

五、小结

本节以学习桌椅为研究对象，从功能、材料、造型、产品尺寸、结构及调整方式多个方面进行分析，总结桌椅人机适应性在这些方面的基础性要求，从而探索学习桌椅与目标使用者之间构建的初级静态适应。

第二节　办公桌椅基础属性与人机适应性设计

一、功能特点与人机适应性

办公桌椅为日常工作人群提供了多种办公功能，其中包含提供专门的工作空间、支持电脑和其他设备的使用、满足工作中的储物收纳、为工作者提供身体支撑以缓解疲劳等。这些功能可以进一步细分为基础功能、辅助管理功能、人体工学及职能的延展功能。

（一）基础功能

承载和储物是办公桌椅最基础的功能。不同式样的办公椅首先要能够为使用者提供身体及头颈的支撑，具有一定的舒适度，能够减少员工的疲劳感；办公桌可以支撑手臂，给予手臂适当的活动空间。桌椅需要有合理的尺度关系，满足不同身体特征人员的需求。同时，办公桌还要能够承载电脑、办公设备及各类办公用品，为这些办公物品提供足够的空间，保证其正常使用。办公桌通常还具有一定的收纳储物功能，抽屉与文件柜便于工作人员放置和存放文件等物品，以便留出宽敞的桌面提高工作效率。

（二）辅助管理功能

不同类型的办公桌椅可以构建出特定的办公空间，实现人员和资源的有序管理。办公人群通常根据具体工作类型，选择与之相适应的桌椅，例如行政、会计、法律、技术开发、客服等，这些不同的工作类型存在工作模式的差异，与之相适应的桌面形状、桌子储物方式与容量、桌面屏风形式与尺寸、多个桌椅组合形式及围合空间特征等都表现出明显差异。此时的桌椅体现着管理功能，不仅可以有效组织管理工作人员的交流行为，还可以高效分类管理办公物品，提高资源使用效率。

（三）人体工学及职能的延展功能

网络提升办公效率的同时，带来办公人员久坐及长时间使用显示器等问题，人们开始对桌椅的健康功能给予更多的关注，希望桌椅能够引导使用者保持正确的姿势，能减轻颈椎、腰椎等部位的负担，可以减少员工的身体疾病和伤害。因此，人体工学的延展功能不断被挖掘，例如工作桌的高度可以实现坐姿使用和站姿使用的便捷切换，引导人们改变坐姿，避免久坐。办公椅设置细致的调节功能或附加一定的按摩功能，提高使用的舒适度。此外，办公桌椅整体造型风格还从一定程度上体现着使用者的职能划分，例如经理办公桌椅、员工办公桌椅、接待办公桌椅等，不同级别的工作人员在办公桌椅的式样上会存在一定的差异，有效塑造职能氛围。

综上所述，办公桌椅在优化基础功能的同时，不断创新拓展，这些多样化的功能都在全面构建人机适应关系，努力提高办公人员的工作效率和使用满意度，降低桌椅使用者的身体疾病风险和可能存在的伤害，提高整个办公环境的生产力和整体形象。

二、造型及尺寸特点与人机适应性

办公桌椅的造型与尺寸会因不同的需求、环境风格特征、设计理念等而有差异。

常规的桌面面板有 90°L 形、120°L 形、规则矩形、不规则形等，这些不同形态的办公桌还可以依据办公需求及环境尺度进行组合，产生更多的变化。多样化的桌面形状适应不同使用者的工作方式和沟通交流方式。桌面屏风形态多为沿桌面外边缘的规则长方形，依据成组办公桌形式构成“人”字形、“十”字形、“T”字形、“H”字形、“一”字形等，如图 3-12 所示。办公椅的造型及色彩搭配多样，有直线简洁型、曲线流线型等，以适应不同风格的办公环境。办公桌椅共同围合出一定的办公区域，形成工作组团，便于交流与管理。

图 3-12　办公桌不同的屏风形式

办公桌面的形状、面积及屏风的形式、高度，同使用者的办公内容、环境场地、办公人员行为习惯特征等有着直接的关系，办公桌造型及尺寸上的这些具体差异适应了多样化的用户需求。桌面上可调节的装配式屏风，适应不同类型的办公活动及团队管理需要，同时提供了空间的再次组织与分配，既实现了个人隐私空间的保护，又为使用者提供了个性化的展示区域，有助于提高员工的工作效率和工作舒适度，也可以提高整个办公环境的舒适度和美观度。

三、结构及调节方式特点与人机适应性

办公桌的桌面高度和倾斜角度需要具有调节性，以适应使用者不同的身高和姿势。支架和抽屉等储物部分也需要在使用者手臂活动范围内，方便物品的取放和使用。例如，办公桌的高度可以满足站姿使用和坐姿使用两种状态，并且方便切换，引导人们通过调整工作姿势及时长，以缓解久坐带来的健康问题。

办公桌不同高度的屏风部件应可以自由更换，调节分割、遮挡空间的范围，便于满足不同办公活动需求。办公椅通常包括坐垫、靠背、扶手。坐垫应具有一定的弹性和支撑力，可以调节前后、上下、左右的位置，以实现坐高、坐深的变化，适应不同身高、体形的人。办公椅靠背的高度、角度等也应该可调节，以提供腰部的支撑和舒适度。办公椅扶手的高度和角度同样应可供调节，为不同臂长的人提供手臂支撑。

这些不同部件的调节方式，应符合人们常规认知习惯，不需要专门的学习，操控力度应适宜，所有操控能够形成有效可见的反馈。机械式调节是一种常见的办公桌椅调节方式，通过机械装置实现高度、倾斜角度的调整。例如，使用手动旋钮、杠杆或按钮来改变座椅高度、靠背倾斜角度。这种调节方式相对简单、可靠，并且不需要外部能源。电动式是一种通过电动装置实现办公桌椅调节的方式。通过按下按钮或使用遥控器等操作，电动装置会自动调整桌椅的高度、角度等参数。电动式调节比机械式调节更加方便快捷，用户可以轻松调整桌椅到所需的位置，以适应不同的工作姿势。智能感应式调节是一种利用传感器和智能控制技术实现的桌椅自动调节方式。通过感应器检测用户的姿势、身体位置和动作，依据数据进行桌椅的高度、角度等参数的自动调整，为使用者提供个性化的支持和差异化的舒适度。这些多样化的调控方式，适应不同使用者的需求。

四、材料与人机适应性

常规办公桌椅的材料需要具有良好的弹性和抗压性，可以提供一定的支撑力，有利于维持正常的身体姿势。座椅材料需要良好的透气性、柔软度，有助于保持身体的舒适度和减轻久坐带来的压力和疲劳。为了适应使用者身心需求，材料需全部考虑与人体接触过程中的触感、温湿度、光洁度以及审美特性，材料的热舒适性、环保等特征会直接影响使用者的身心健康及工作效率。

五、小结

本节以办公桌椅为研究对象，从功能、材料、造型、结构及调整方式等方面，分析总结了办公桌椅应具有的基础人机适应性特征，从而探索办公桌椅与目标使用者之间构建的初级静态适应。

学习桌椅和办公桌椅是使用时长和使用频率极高的两类家具，办公桌椅在一定程度上与学习桌椅的功能性近似，基础属性上存在共同之处，因使用目的的不同而具有差异性，但整体而言都是在构建与使用者行为过程间的适应关系，实现舒适与效率的平衡。

第三节　其他功能型桌椅基础属性与人机适应性设计

一、功能特点与人机适应性

除了学习桌椅和办公桌椅外，餐厅桌椅、休闲桌椅、户外桌椅也是较常见的功能型桌椅家具，这些桌椅的功能伴随人的具体行为而展开。

就餐使用的桌椅除了基本的承重功能，还应能够增强使用者的食欲和社交性，同时考虑到餐食、饮料等物品的存放和使用，应具有易清洁、耐用等特点。随着信息技术的发展与介入，餐桌椅应集成联网功能，并与高品质的音频和视频系统结合，提供更加丰富的沉浸式用餐体验。

休闲桌椅的主要功能是满足使用者舒适性的基础上增强放松和娱乐的体验。因此，休闲桌椅需要具有柔软的椅面和靠背，可以放松身体和心情，甚至是依据身体状态提供有益的身体穴位按摩，同时还可以提供良好的视觉和声效服务，以创造舒适和愉悦的环境。

户外桌椅的主要功能是为在户外的人们提供舒适性的休息服务，具有耐用性、防水性、防腐蚀等特点，还需要具有轻便、易携带等特点，以便于户外使用和移动。

这些不同场合使用的桌椅类家具的功能设置既要考虑目标使用者的实际需求，还要综合考虑相关环境特征，而具有公共属性的家具，还要考虑耐用、清洁、维护、管理等需求。

二、造型及尺寸特点与人机适应性

餐厅使用的桌椅既要满足实用性、审美特性等具体要求，还要符合人机适应需求，让用户在就餐过程中感到身心舒适，餐桌椅的高度应相互匹配，使人们的手臂可以自然放松地放在桌面上。餐桌的尺寸应该根据就餐人数、餐具的大小和数量进行设计，同时应该考虑到使用者移动需要空间。餐椅的坐深和坐宽也要适宜，方便不同体型的使用者变换坐姿。

休闲桌椅的造型可以更加自由多样，为了让使用者处于放松休息的状态，并保持身心愉悦，桌椅可以采用曲线和流线型的有机形状，强调柔和、流畅和自然的线条，也可以仿生自然界生物形态，如植物、动物等。整体色调可以使用突破传统的色彩搭配，以营造活力、时尚和有趣的氛围，也可以采用蓝色、绿色、中性色、柔和的粉色等，营造稳定、平静、温馨的休息氛围。

户外桌椅的造型和尺度需要考虑具体使用环境和用户群体的需求。通常户外桌椅的造型应简洁，符合户外自然环境的气息，同时体现舒适性。尺度需充分考虑实际使用情况。例如，公园等环境的休闲椅子一般尺寸略大，满足不同的坐卧姿势需求，以适应不同体态人群的身体姿势，同时可以让人们在休息时更加自由舒适；而露营桌椅则需要更加轻便、易于携带，同时要适应不同的露营场地和使用环境。

三、结构及调节方式与人机适应性

餐厅使用的桌椅要符合目标用户的就餐习惯，其结构和调节方式应清晰便捷，满足使用者的就餐姿势和轻松社交状态的需求。例如，轻便的折叠式桌椅适合用于小型餐厅或需要经常更换桌椅布局的场合；而大型餐桌则需要考虑到餐具和食物的放置及取用，可以设计成带有拉伸功能的结构。

休闲桌椅以提供舒适的坐姿和移动空间为目标，结构上休闲椅应能够提供良好的腰部和背部支撑，以及不同的高度和角度调节功能，以适应不同用户的需求。例如，电竞休闲桌椅可以实现桌椅联动，营造沉浸式的体验氛围感。部分休闲椅还提供旋转功能，使用者可以在座位上自由旋转，方便转向或与周围环境进行互动。

户外桌椅具有多样化的结构特征，折叠伸缩结构就是其中之一，这种结构可以使原本大体量的桌椅方便携带和存储。形态通过折叠操作可以变得紧凑，方便携带到户外活动场所，如露营、野餐或露天聚会。折叠桌椅通常会具有可调节高度的功能，用户能够根据需要调整桌椅的高度，以适应不同的使用场景和个人需求。可拆卸结构也是户外桌椅常采用的形式，这种结构可以将桌面、座面和支架等部分拆卸下来，方便存储、运输和组装。这些多样化的结构使户外桌椅具有更大的灵活性和便携性，可适应不同的户外活动和场所。

上述不同功能型桌椅具有的这些结构和使用调节方式，其目的皆是提供舒适性、个性化和灵活性的使用体验，以满足用户在就餐、休闲和放松时的需求。它们可以根据用户的偏好和身体需求进行调整，提供更好的使用体验。

四、材料与人机适应性

餐厅使用的桌椅材料需注意耐用和易清洁特性，休闲桌椅的材料更加追求舒适性和美观性。户外桌椅的材料既要轻便，还要抗户外环境侵蚀。这些不同功能的桌椅可以采用多种材料的组合，以实现功能性和美观性的平衡。最终的选择取决于目标使用者的实际需求、使用环境的特征，以及对舒适性、美观性和持久性的整体把握。

五、小结

本节主要以餐厅桌椅、休闲桌椅、户外桌椅为研究对象，从功能、材料、造型、结构及调整方式等方面，分析总结了这些不同功能性桌椅具有的基础人机适应性特征，从而探索其与目标使用者之间构建的初级静态适应。

本章结语

本章主要以学习桌椅和办公桌椅为例，详细阐述了桌椅的基础属性：功能、材料、造型、尺寸、结构及调节方式等各项要素与使用者、环境之间的适应性关系。桌椅的这些基础属性是满足人们常规使用的前提，通过对这些属性的详细分析，探索功能性桌椅要实现初级人机适应、达到人机关系平衡状态所需的基础条件。

从人机适应的角度对桌椅基础属性进行分析，可以为探索桌椅人机适应性设计打下坚实的基础，满足这些属性就可以让人在使用功能型桌椅的初期达到一种相对平衡的状态，这种状态与使用行为发生的过程及坐姿变化的过程相比，可以理解为一种静态的适应。这种适应相对浅显，易于理解及应用在设计之中。设计人员依据目标用户及环境等方面的实际需求，合理设置桌椅的相关基础属性，就可以实现不同功能型桌椅的初级人机适应。

第四章
坐姿行为与桌椅中级人机适应性设计

第一节　坐姿行为与认知发展

一、坐姿分析

本书中的坐姿主要是指人们坐在椅子上时身体呈现出来的姿态，包含躯干、手臂、大腿小腿、头部等部位一同展现出的姿态。这里我们主要以学习过程中的坐姿为例，对坐姿行为进行分析，以便更好地探索坐姿行为与桌椅人机适应性之间的关系。

（一）认知与坐姿适应表现

儿童心理学家皮亚杰指出："儿童的认知发展是心理结构对自然和社会环境的适应过程，而且是儿童通过自己的活动、试验和发现进行的主动的、建构式的适应过程。"学生在日常学习生活中，每天都要面对各式各样的事物，他们不断通过改变自身的行为去适应周围的事物，以实现认知的发展。

学生通常以坐姿状态进行学习，整个过程要实现健康高效，其前提就是要与桌椅形成良好的人机适应关系。从心理学角度，适应表现为两种形式：一种是人将适应的对象纳入已有的认识结构和智力结构之中，以加强和丰富自己的动作，用已有的方式处理新的问题；另外一种，改变自身的认知结构、智力结构或者动作去适应环境的变化。这两种形式相辅相成，缺一不可，并且两种形式动态更替。

学生使用者与学习桌椅之间的人机适应关系，就需要这种动态的适应。在使用初期，桌椅所具有的基础特征与学生已有的认知结构相匹配，其基本功能可以协助学生完成学习所需的动作行为，但是一段时间后，由于学习任务、人体生理和心理以及环境等因素的变化，旧的状态已经不再满足身心需要，此前的平衡状态会被内外条件变化所打破。学生身心会因为健康与效率等因素释放需要改变的信号，而环境探测到学生的改变信号也会主动引导其调节自身的行为与状态，于是出现学生在学习过程中不断调整自己坐姿行为的情况。这也是从平衡到不平衡再到平衡的过程更替。

其间使用者与桌椅之间会产生动态交互关系，相互之间的影响作用不断改变。但所有这些变化都是为了更好地实现使用者与桌椅之间的动态适应关系，最终目的还是为了确保学生健康的行为过程。为了更好地确认两种适应状态交替的条件，需要对学生学习时的坐姿行为给予进一步的分析。

（二）坐姿行为分析

通常情况下，各国的学龄儿童每日需要在学校和家中度过大量的学习时间，国外学者研究指出儿童在校有 50% ~ 70% 的时间是坐着的状态，并且在校久坐过程中休息的频率要低于非在校时间（如在校时休息 8.9 次 /h，而非在校时休息 10.2 次 /h）。由于不同地区各个年龄段儿童学习任务不同，持续时间各异，所以在校及家庭中坐姿的持续时长很难精准确定。大量的医学研究表明，保持不动的坐姿，最短 5 ~ 10min 便会使该行为与身体健康产生一定的关联性。

在坐姿和身体疼痛和不适的相关性研究中，美国国家职业安全卫生研究所（NIOSH）指出，颈部、肩部和腰部的肌肉骨骼疾病与不良的坐姿有极大的关联性。一些国外的研究文献还曾专门分析可能引起肌肉、骨骼、脊椎疼痛的各类坐姿变化影响因素，这些因素包含年龄、坐姿持续时间、社会心理因素和姿势。在这些因素中，坐姿持续时间和具体的姿势是可以较容易或者有意地进行人为控制调整的。通常情况下，每个人都有自己的习惯性坐姿，而这一习惯坐姿又会受到性别、桌椅人机特性、生活方式等影响，并且儿童时期所形成的坐姿习惯在长大以后比较难以改变。一些学者还指出，成年后腰背的疼痛与儿童时期的疼痛有一定联系。在青少年阶段，脊柱结构明显变化，男孩在 14 岁和女孩 12 岁时，可以观察到坐高增长速度的峰值。因此，不良的坐姿可能会对还不成熟的神经肌肉骨骼系统产生过度的影响，使这些青少年身体更容易受到伤害。这是成年人后腰背等部位易发生疼痛的重要原因之一。所有这些文献都在说明着儿童时期正确坐姿引导的重要性。

传统桌椅类家具的人机工程学设计重点主要是基于人体尺度和人体生物力学，而坐姿与这两项内容关系密切。Tichauer 研究人在坐姿时的力学情况后指出，人体重量的 75% 由坐骨结节支撑，也就是骨盆的承重部分。如果这个点上出现过度的压缩应力，坐骨结节将不能与人体的重心直接对齐，坐骨结节则无法提供人体体重所需的全部支撑力量。变化的坐姿与坐骨结节的受力有着紧密的关系。

不同的坐姿呈现不同的脊柱姿势，如图 4–1 所示。良好坐姿要求腰椎前凸，这是因为腰椎前凸可以帮助坐骨结节保持正常受力，同时腰椎前凸也是人体腰椎的正常曲线，正因如此，良好坐姿都是指人体上身坐直，与人体中轴线对齐，以便能够有效地防止骨盆向后倾斜及腰椎后凸。与此同时，为了保证整个身体的健康，良好坐姿对下肢同样有着一定的姿态要求。Branton 指出，腿部和背部可以帮助人达到就座时身体所需的平衡。腿部支撑有助于分担并减轻大腿和臀部的负荷。双脚落于地面上可以减少小腿自重对大腿受力的加重。因此，为了保持健康的坐姿，人体的腿部需要自然下垂，双脚落于地面之上。此外，好的坐姿本身也不会带来身体各个部位的疼痛，这些要求共同构成了学者普遍认可的理想坐姿。这也与 Whitman 提出的儿童保持健康坐姿的四个标准相同，即脚平放在地板上，臀部与座面接触，背部竖直向上，整个身体朝向前方。

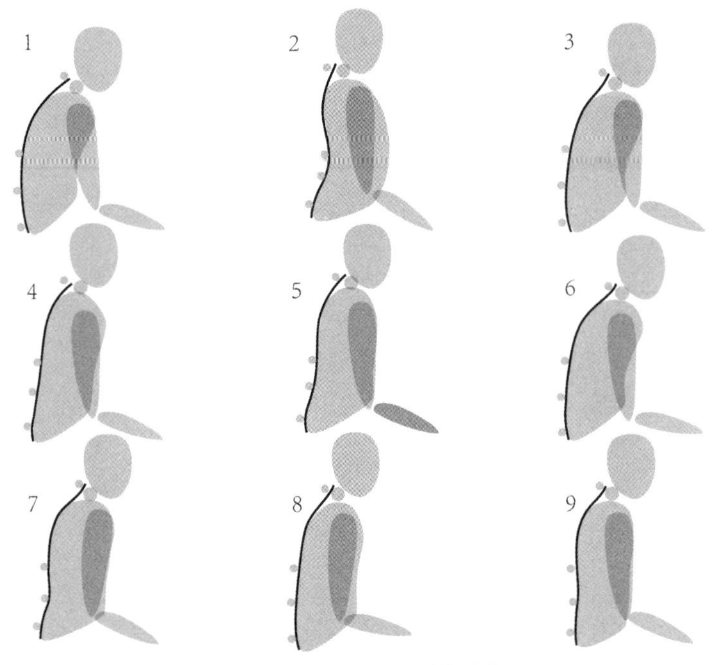

图 4-1 不同坐姿下的脊柱姿势

但在现实环境中，由于各种原因无法时刻保持 Whitman 等学者所提出的这种理想状态的姿势，尤其是还处于成长阶段的儿童，遇到椅子没有靠背的情况，上身一直保持坐直状态相对更困难。经常看到儿童在坐着时会不断地改变姿势，这其实就是儿童在自我调整人机舒适度，在不断改变坐姿的过程中寻找平衡的适应点。

二、坐姿行为变化因素分析

坐姿的形成与调整变化受到众多因素的影响，如图 4-2 所示，学生在学习行为发生的过程中，坐姿同样受这些因素影响。在这些因素中，一部分属于坐姿个体的内在因素，如性别、年龄、生活方式、心理因素以及长时间形成的坐姿习惯；另一部分则属于个体之外的影响因素，如身处的物理环境、维持坐姿时正在执行的任务及持续的时间、家具尺寸软硬等基本属性。本研究主要针对易于进行主观调节管理的外在的因

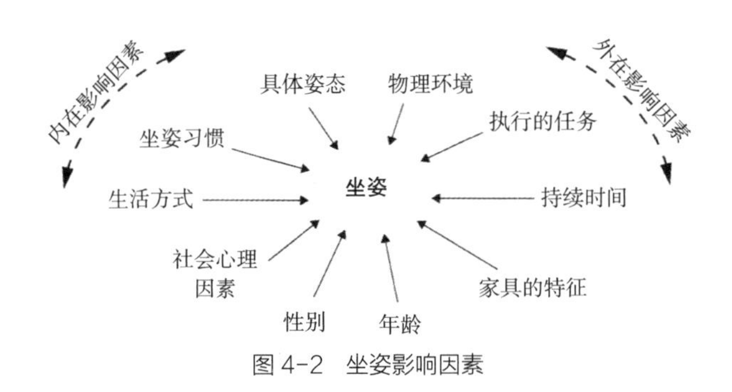

图 4-2 坐姿影响因素

素进行分析。

（一）坐姿时长

在前面章节阐述环境条件时，提及过教育大环境的变化会引起学习行为的改变。当前学生学习内容深度和广度不断拓展，学生需要学习的知识发生着变化，学习行为持续的时间并没有因为各种技术的介入而缩短，这是因为学生积累知识和构建知识体系的过程不能替代或是跳跃。同时，由于数字化技术带来了各式新型学习设备及丰富的网络学习资源，更延长了学习时间。因此，学生的学习时间没有减少，并且随着年级的增加有增长趋势。

久坐这一行为的定义是以坐或者半卧的姿势处于清醒的行为状态，其特征在于能量消耗小于 1.5 METs（代谢当量）。久坐已被公认为影响健康的独立危险因素。许多专家学者对成年人、老年人等特定人群的久坐行为展开横断面研究，认为久坐是可能引起成人心血管疾病的一个重要危险因素。虽然目前青少年群体的这种关联证据还很少，但久坐这一行为确实开始在青少年学生群体中大量出现，也正因如此，一些针对学生久坐的干预性研究开始出现。

根据国外专家的研究，久坐会对人的认知结果产生影响，特别是执行功能中的工作记忆，这也是认知过程的核心之一。工作记忆可以用来激活、维持和操纵头脑中的信息，因为它与学习、推理和认知控制等都有关系。而学生学习过程通常伴随着久坐这一行为，那么这种对学生认知的影响也必然存在，国外学者实验初步证明，减少久坐行为的时间可以改善儿童的认知。正是由于久坐行为与人们生理和心理认知等同时存在关联性，各领域大量的研究也在努力减少该行为对人类造成的不良影响。此外，国外一项研究指出，5 ~ 10min 的持续坐姿与引发炎症的元素（即 C– 反应蛋白）呈负相关。因此，可以推断久坐的方式比久坐时间的总量更值得关注。而在儿童学习桌椅的人机研究中，需通过观察发现久坐行为具体的方式，总结其中存在的不合理特征，并通过学习桌椅产品的设计改进或者有效的引导策略来减少久坐时间、久坐积累的时长以及不健康的坐姿方式。

（二）具体姿态

研究中久坐的主要关注点就是坐姿。对于学生学习行为中的身体姿势，国内外学者进行了不间断的研究，Storr–Paulsen 和 Aagaard–Hensen 研究发现，学生在学校两节课 90min 的时间内，平均坐着的时间超过 60min，年龄大的学生坐着的时间更长，在这段坐着的时间内，57% 的时间身体保持前倾坐姿（如书写或绘画），43% 的时间身体为后靠坐姿（如看黑板或阅读）。姿势不同，身体各个部位形成的角度不同，与桌椅接触的面积也不同，身体与桌椅的受力情况自然也有差异。学生学习过程中的常见坐姿见表 4–1。此时坐姿表现的具体形态和学习任务有着直接的关系。

学生学习过程中的常见坐姿　　表 4-1

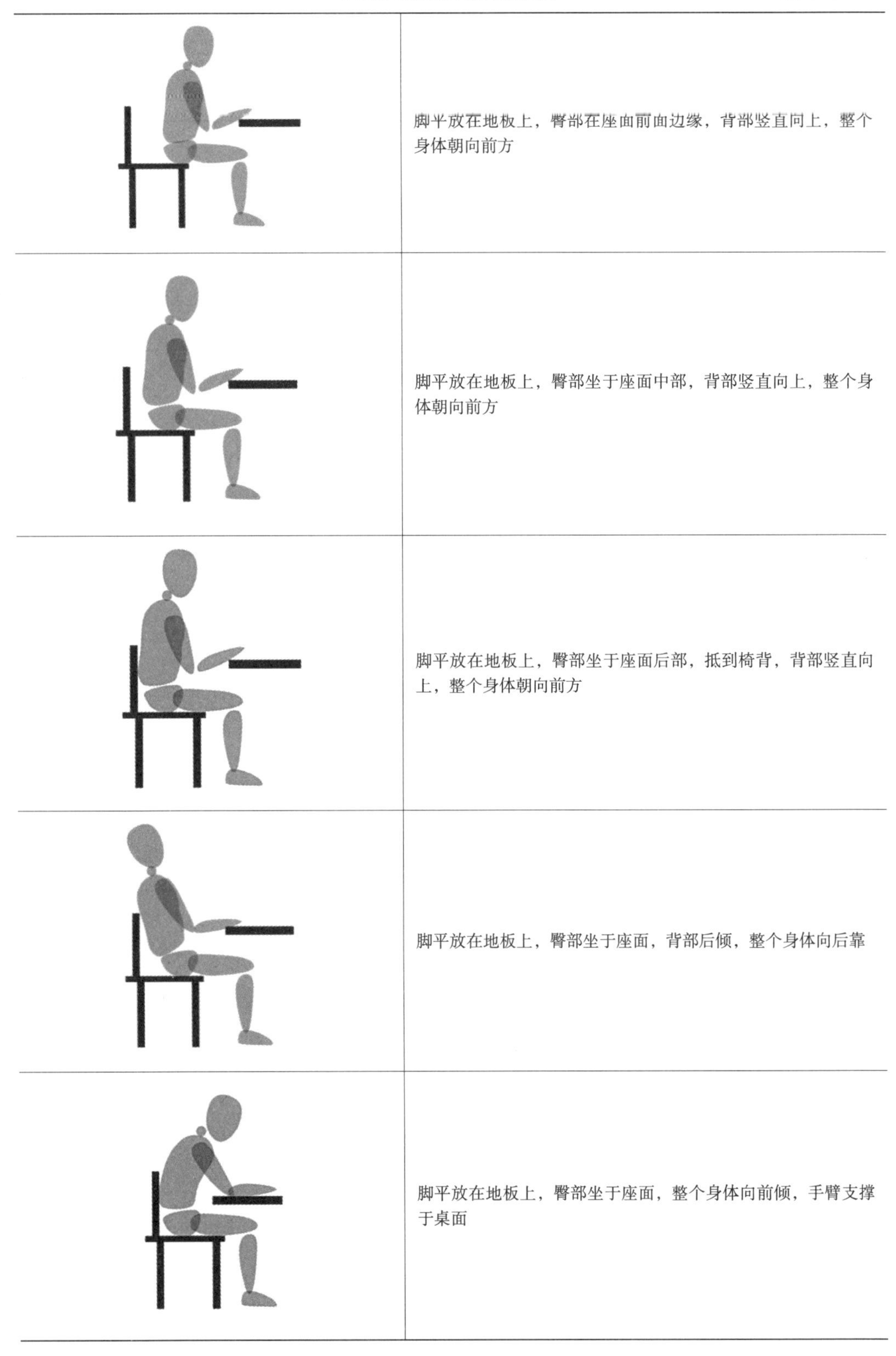	脚平放在地板上，臀部在座面前面边缘，背部竖直向上，整个身体朝向前方
	脚平放在地板上，臀部坐于座面中部，背部竖直向上，整个身体朝向前方
	脚平放在地板上，臀部坐于座面后部，抵到椅背，背部竖直向上，整个身体朝向前方
	脚平放在地板上，臀部坐于座面，背部后倾，整个身体向后靠
	脚平放在地板上，臀部坐于座面，整个身体向前倾，手臂支撑于桌面

（三）执行的任务

学生在学习过程中姿势的变化，与所进行的学习任务有着一定的关联：在使用实物媒介完成书写、绘画等任务时，通常是伏案姿态，身体前倾特征明显；而进行阅读或聆听任务时，身体则可以前倾也可以后靠。此外，现代教育的发展，不断更新着作业内容与形式，加之大量辅助学习设备的出现，如笔记本电脑、平板电脑等，更加丰富了儿童的坐姿变化。

近年来，学生使用台式机、笔记本电脑、平板电脑、手机等完成一定学习任务，或者进行一定量的校外网课，在大中城市中已经较普遍。这些设备的介入，增加了学生与显示屏之间的交互动作，原本静态的姿势因为手臂等动作的改变而发生着变化，身体的疲劳程度也会因此改变，进而引起学生主动进行身体姿势的调整。

（四）家具的特征

家具的基础属性会对使用者的姿态产生直接的影响，桌椅的外部造型、功能布局、尺度、倾角、材质的软硬、温度等会直接影响使用者的感官体验。如使用者遇到与自身身心不适应的家具，身体的姿势就会不断改变。Marschall 等人研究指出，儿童使用具有人体工程学设计特点的家具，如可倾斜的桌子、对背部和膝盖有支撑的椅子时，如图 4–3 所示，他们的背阔肌活动度显著减少。研究中的受试者也表现出较少的颈部屈曲（平均值为 34.4°）和明显更大的髋关节角度（平均值为 107.8°）；使用传统课桌椅时，颈部屈曲为 38.7°，髋关节角度为 95.5°。二者有明显的差异。桌椅基础特征的不同，造成学生使用姿势的变化，同时带来使用者生理和心理感受的差异。身心感知度的适应会降低疲劳程度，进而影响身体姿势的变化频率。

技术的创新带来桌椅的发展，功能布局、结构、操作方式等也在不断更新，这些都加大了学生使用中的动作幅度与变化频率，加大了产生动态坐姿的可能。尤其是在智能技术的介入下，人与桌椅之间可以更好地形成交互行为，姿势的变化自然更加多样。

（a）

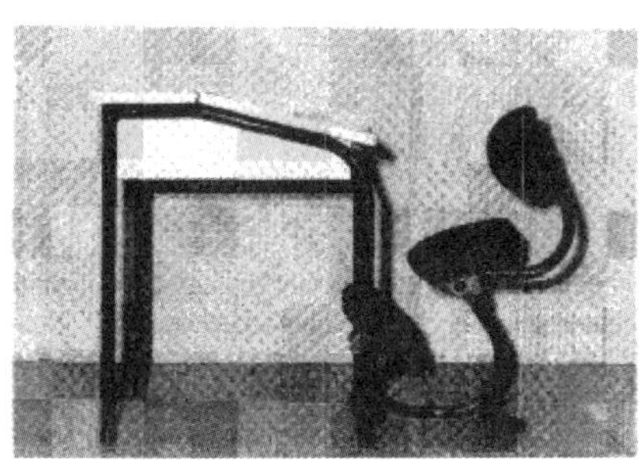
（b）

图 4–3　Marschall 研究中的传统桌椅（a）和人机适应桌椅（b）

三、坐姿行为中的认知过程

具体的坐姿是学生使用学习桌椅时的一种外在表现，同时还伴随着认知过程，即一个信息加工的过程，如图 4-4 所示。学生感知到环境提供的刺激信号，经过编码处理后进入记忆系统，与记忆系统中的信息进行比较和匹配，这时包含了对信息的注意、感知、识别、复述，提取细节，建构新记忆，进而推理，直到做出相应的反应。与此同时，计算机技术与人工智能以相同的逻辑模拟人类的思考过程，这样就可以实现人机双方更好的交互。如果遇到学习桌椅出现不同以往的颠覆式属性特征时，学生的认知也将不断学习与更新，人机双方在交互中实现共同发展。例如，学习桌椅在各类新兴技术的推动下，不断调整与优化，设置更人性化的操控方式，提供更健康的坐姿引导，此时用户的坐姿将保持动态变化，其认知在持续工作，对坐姿引导指令做出识别判断，并通过肢体调整给予反馈。不断改进中的具有人体工程学设计特点的课桌椅，其优点就在于能够为使用者变化的姿势提供相应的人机舒适性功能服务，引导更健康的身心使用过程。

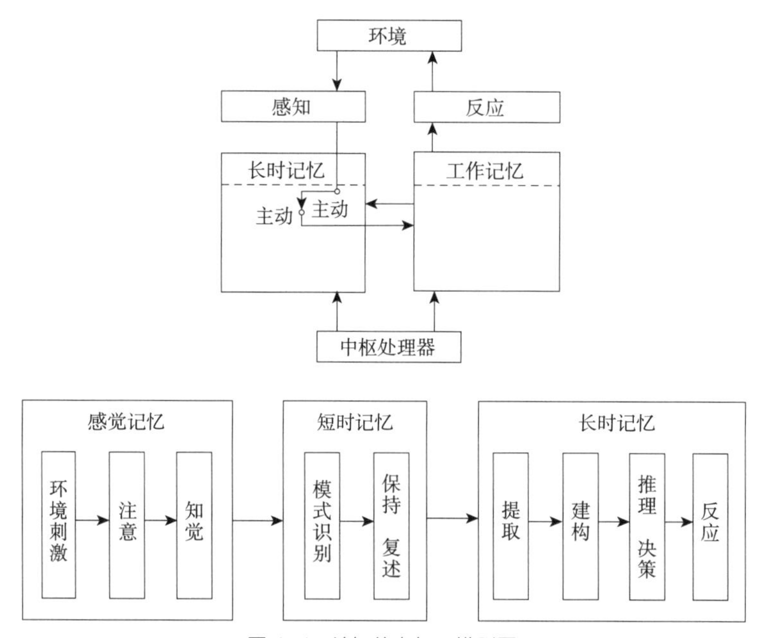

图 4-4 认知信息加工模型图

来源：《中国大百科全书》总编委会，中国大百科全书 [M]. 北京：中国大百科全书出版社，1985，1995.

四、小结

本节主要围绕坐姿行为展开分析，首先从人体尺度和人体生物力学角度阐述了坐姿的适应性表现，并以学习坐姿为例，选取坐姿时长、具体姿态、执行的任务、家具的特征等四个易于外部介入的因素进行详细分解，探讨影响坐姿行为变化的因素及规律特征，同时分析坐姿行为中的认知过程。

坐姿行为的发展过程也是人与桌椅系统及环境不断交互的过程，这个期间人、桌椅、环境共同建构着相互动态适应的人机关系。因此，要实现桌椅使用者坐姿行为过程中的动态适应，就需要深入探讨坐姿变化过程中的各项影响要素，并对易于主观调节管理的外在因素进行分析，寻求可以人为介入的节点、途径和方法，以期为桌椅的中级动态人机适应性设计探索提供基础性数据。

第二节　坐姿行为调查案例

一、研究目的

通过分析学生以坐姿状态完成学习任务过程中与桌椅之间发生的具体动作行为交互，发现学生坐姿存在的各种问题，构建学生合理健康使用桌椅的行为结构，确定学生健康坐姿行为结构和具体行为指标，探索坐姿行为与桌椅人机特性之间的关系。

二、研究的方法及过程

观察法（Observation Method）是在自然的条件下，有目的、有计划地描述和记录被试者的外在表现（如言语、表情和行为等），从而总结认知活动规律的一种研究方法。在本研究中，为了获取小学生自然学习状态下的坐姿行为，先后进行了 5 次实地观察，观察地点为 4 家专业小学生教育辅导机构和 1 个家庭式的辅导班，观察时记录儿童学习过程中的坐姿行为变化数据。所选择的观察点具有典型代表性，包含了学生与桌椅匹配的 3 种不同情况。

观察对象为在读小学生，涵盖一至六年级，其中一至三年级 10 人，四至六年级 9 人，每人 30min，观察对象在辅导班期间看书、听讲、记笔记以及完成随堂作业。专业教育辅导班使用的是常规小学生学习桌椅，与大多数小学所使用的桌椅相同。家庭式辅导班使用的是普通成人尺度家具。这样就出现 3 类情况：①使用成人尺度家具时的坐姿行为；②使用尺度不匹配的学生桌椅时的坐姿行为；③使用尺度匹配的儿童桌椅时的坐姿行为。

三、观察结果与分析

依据观察结果，对小学生学习过程中的坐姿行为进行归纳。

（一）使用普通成人家具时的坐姿

在使用普通成人家具时，桌椅的基本属性特征与小学生身心等需求特征并不完全相适应，较常见的就是桌椅尺度不符合使用者个体特征。此时分别从姿势和动作两方面对学生的坐姿行为进行分析，典型姿势见表4-2。小学生躯干多前倾，胸腰椎角和腰椎角后凸，如图4-5所示。如果座椅相对使用者身体而言过高，双脚不能自然下垂着地，就无法合理分担身体重量，腿部的姿势就会不断变化，常常出现试图蹬踩附近能够起支撑作用物体的动作。脊柱则可能出现侧弯状态，手臂也会出现下垂支撑椅面的动作或者前臂完全趴伏在桌面上的动作。

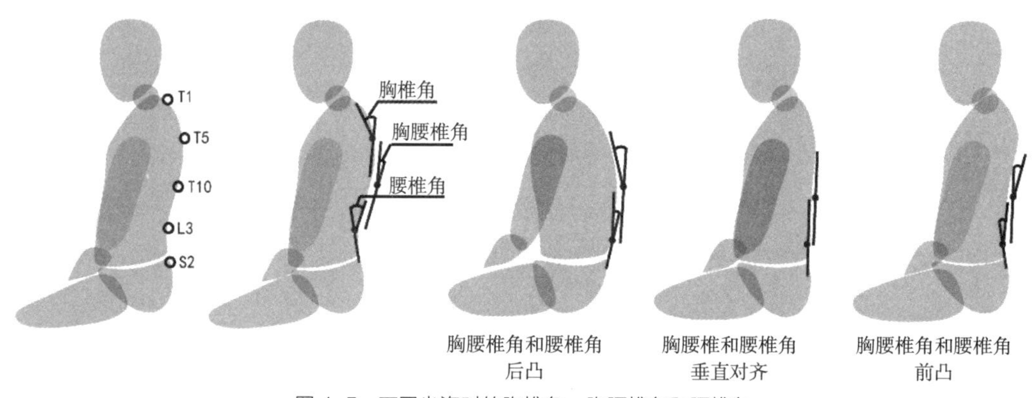

图4-5　不同坐姿时的胸椎角、胸腰椎角和腰椎角

小学生坐姿观察分析（1）　表4-2

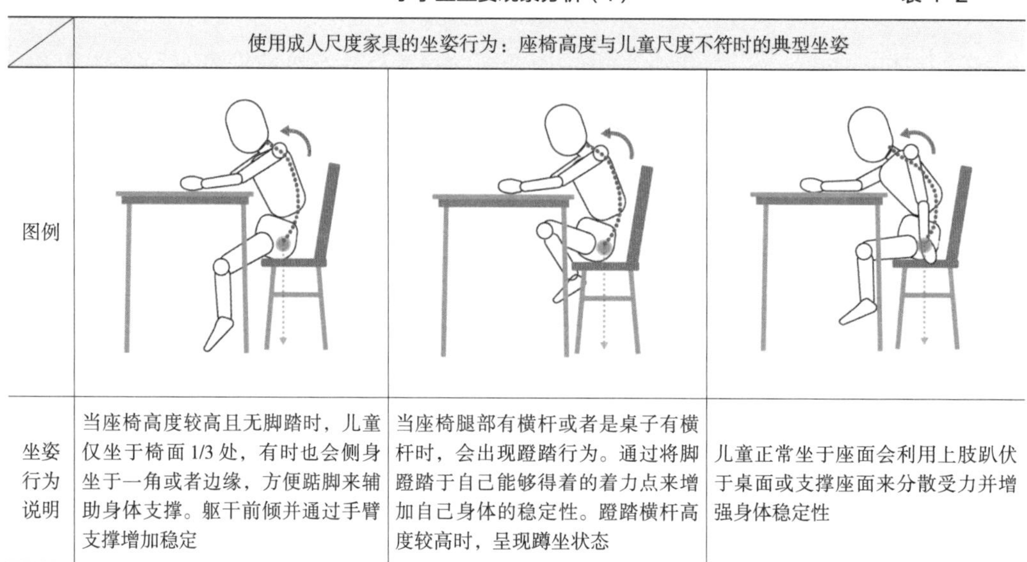

	使用成人尺度家具的坐姿行为：座椅高度与儿童尺度不符时的典型坐姿		
图例			
坐姿行为说明	当座椅高度较高且无脚踏时，儿童仅坐于椅面1/3处，有时也会侧身坐于一角或者边缘，方便踮脚来辅助身体支撑。躯干前倾并通过手臂支撑增加稳定	当座椅腿部有横杆或者是桌子有横杆时，会出现蹬踏行为。通过将脚蹬踏于自己能够得着的着力点来增加自己身体的稳定性。蹬踏横杆高度较高时，呈现蹲坐状态	儿童正常坐于座面会利用上肢趴伏于桌面或支撑座面来分散受力并增强身体稳定性

续表

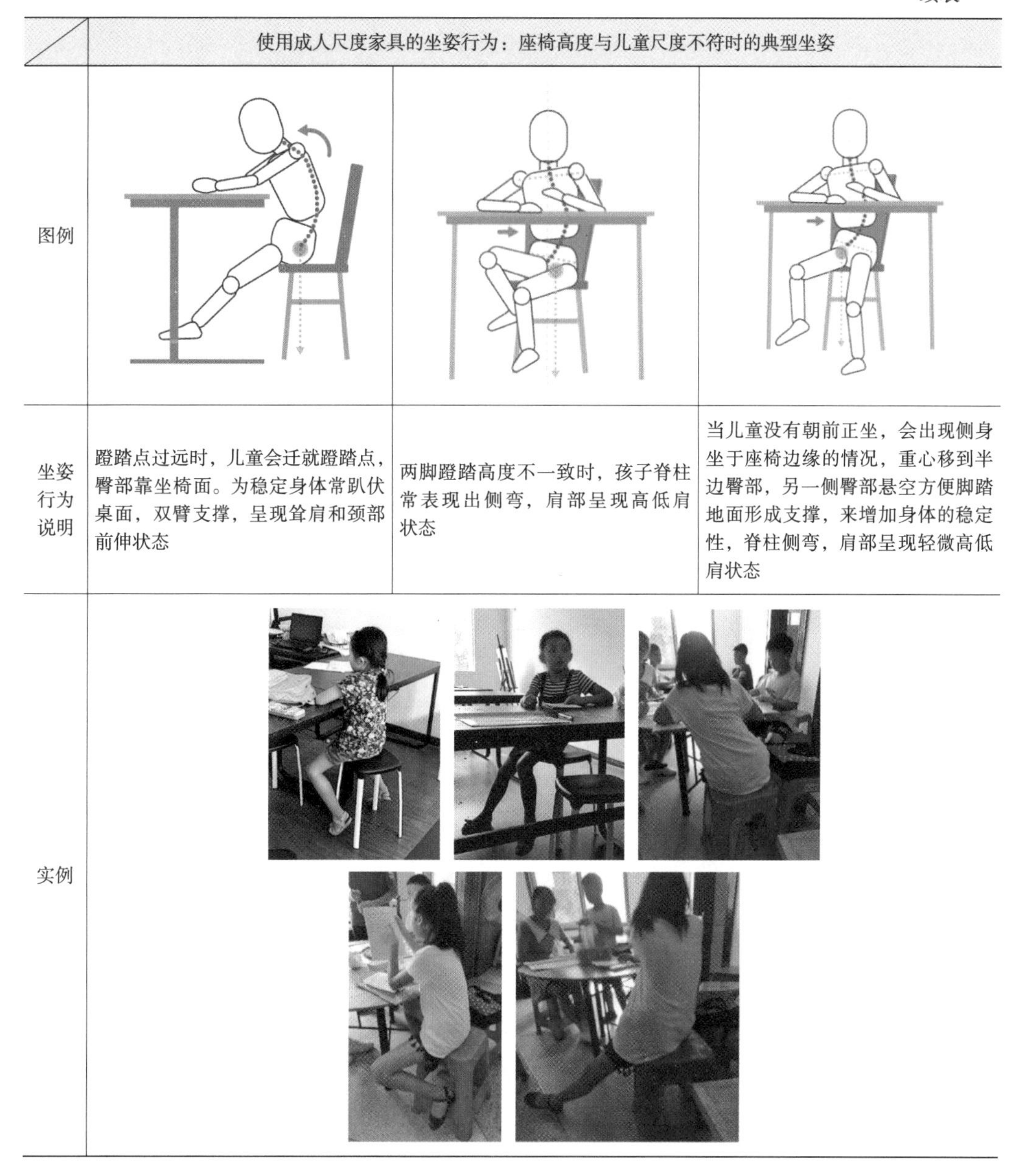

	使用成人尺度家具的坐姿行为：座椅高度与儿童尺度不符时的典型坐姿		
图例			
坐姿行为说明	蹬踏点过远时，儿童会迁就蹬踏点，臀部靠坐椅面。为稳定身体常趴伏桌面，双臂支撑，呈现耸肩和颈部前伸状态	两脚蹬踏高度不一致时，孩子脊柱常表现出侧弯，肩部呈现高低肩状态	当儿童没有朝前正坐，会出现侧身坐于座椅边缘的情况，重心移到半边臀部，另一侧臀部悬空方便脚踏地面形成支撑，来增加身体的稳定性，脊柱侧弯，肩部呈现轻微高低肩状态
实例			

（二）使用学生专用学习桌椅时的坐姿

在使用学生专用学习桌椅的时候，时常会遇到学生桌椅特征与使用者自身体态特征不相适应的情况，包含尺度不适应、结构不适应、软硬程度不适应等。而这些不相适应的特征都会在使用者具体的姿势和动作上有所体现，见表4–3。常规学生专用学习椅具有靠背，但仍然存在使用没有靠背学习椅的情况，这样就会出现使用者脊柱和腰部在需要休息的时候无法获得有效支撑的情况。加之桌椅高度和倾斜角度固定不能调节，这样学生身体出现疲惫后只能通过不断地改变姿势来寻找一个更适应的状态。这些姿势会因为个人坐姿习惯而有差异，在整个变换姿势的过程中，躯干及手臂的动作变化最明显，不断变化的手臂动作主要是起分担支撑身体重量的作用。

小学生坐姿观察分析（2） 表 4-3

	使用基础属性不相适应的学生桌椅时的坐姿行为			
	无靠背座椅下的坐姿行为： 由于儿童肌肉处于成长期，脊背韧带柔软，易于疲劳。脊背需要适合的托护和支撑，很多成人座椅未设计背靠，或者背靠弧度与身体弧度差异大。正直背部保持困难，孩子会选择弯腰拱背的姿势，减轻背部的紧张与负荷			

	儿童的臀部在长时间受力后易感到疲劳，因此需要较舒适的座面来稳定重心并保持健康的坐姿。儿童学习椅子的材质比较常见的是硬质塑料、木材等，多为平整硬面设计。因此，臀部肌肉易于疲惫，儿童常通过扭转盆骨，改变臀部受力点以缓解臀部压力。盆骨扭转带动上身脊柱侧弯，肩部呈现高低肩状态			
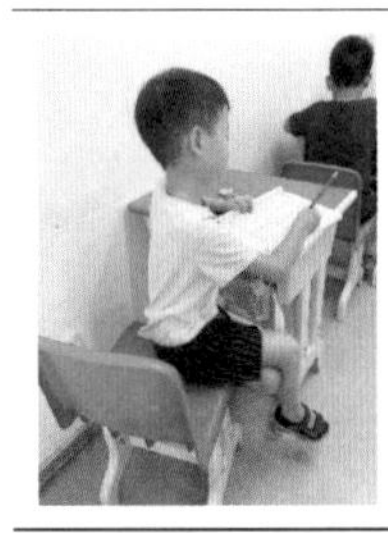		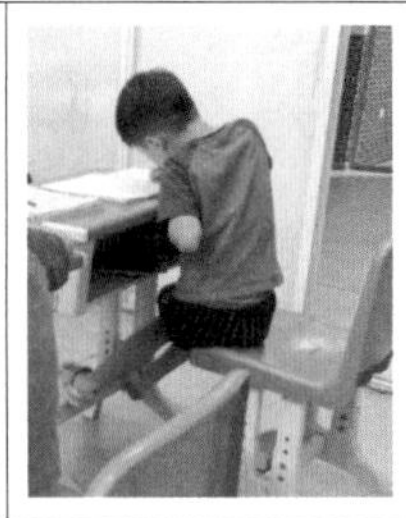	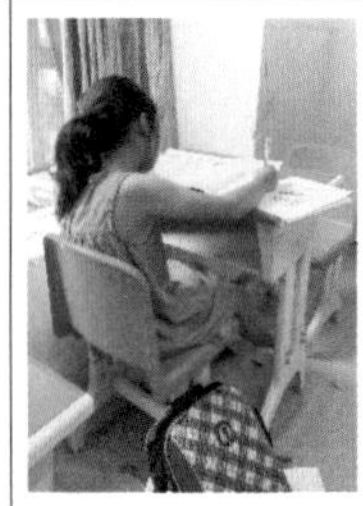	

（三）使用与自身尺度相匹配的学生桌椅时的坐姿

学生在使用与自身尺度相匹配的学生桌椅时，同样会出现各式各样的姿势。由于常规健康坐姿，如端坐，在维持一段时间后，人体就需要进行动态调整，来缓解骨骼肌肉等出现的疲劳感觉。在这个调整过程中就会产生具体姿势和动作的变化，见表 4-4。虽然桌椅基本尺度与使用者相匹配，但如果桌椅摆放的位置不适，如朝向不一致，桌椅距离过近或者过远等情况，都会带来使用者姿势的差异，这也在一定程度上说明了桌椅相匹配的重要性。

小学生坐姿观察分析（3）　表 4-4

	使用尺度匹配的儿童桌椅时的坐姿行为		
图例	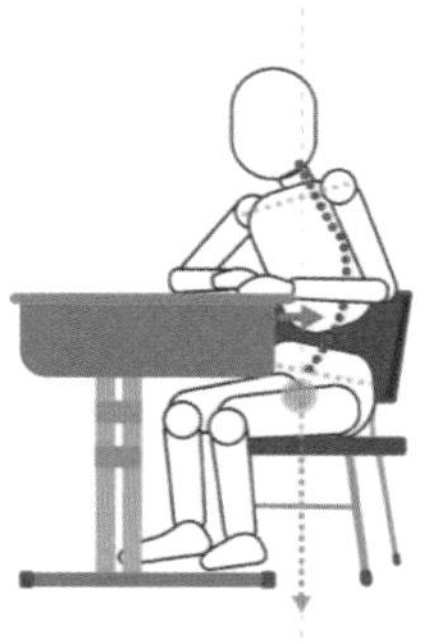	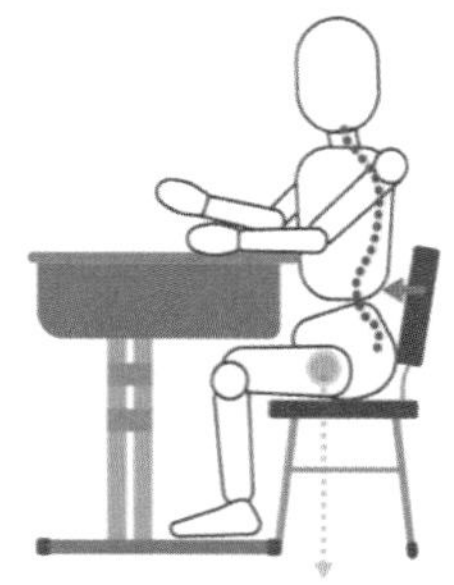	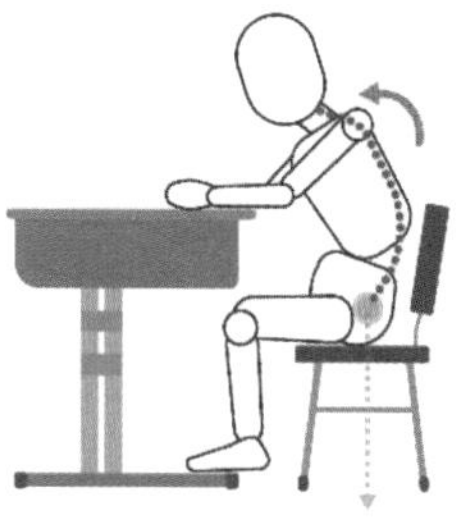
坐姿行为特征说明	椅子摆放与学习桌不对齐，出现歪斜，儿童会依据椅面形状与方向形成歪扭朝向坐姿，导致以侧身姿态面对课桌，为了减少侧身角度带来的问题，儿童会通过扭转肩膀，来保持上身角度与桌面一致。此时儿童的脊柱呈侧弯状态	椅子与学习桌的距离过近时，儿童的身体紧靠桌面，前胸受桌面挤压，背部紧挨椅背，身体多呈现直背状态，易出现盆骨前倾。儿童手臂的活动空间不足，肩背易出现紧张的状况	如椅子和课桌距离过远，儿童身体与课桌存在较大距离，为了能够使用桌面完成学习任务，儿童就会表现出比较严重的弯腰拱背、身体前倾的姿态
图例	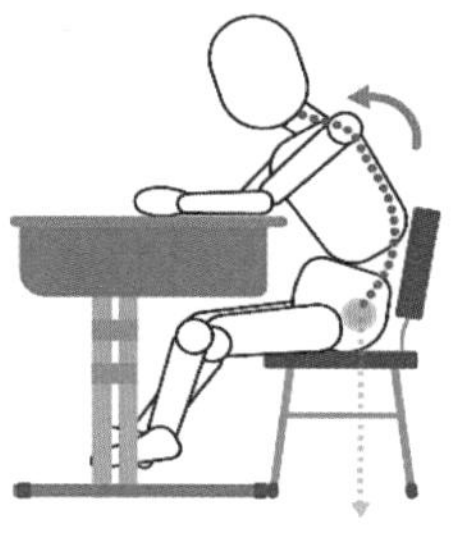	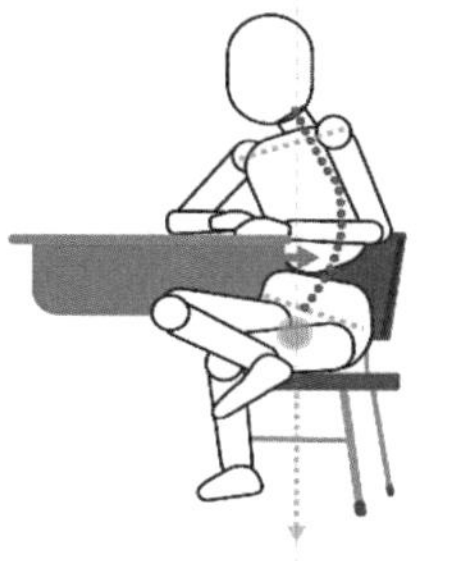	
坐姿行为特征说明	坐姿过程中，儿童会出现跷腿姿势，这一姿势会受到课桌下方的储物空间影响，为了减少桌子对腿部姿势的影响，儿童有时会选择前伸跷腿，这样会带来身体重心向前，身体前倾的姿态的出现	跷腿的方式多样化，少数孩子会出现侧身跷脚的情况，这样易盆骨不正，加上主动的侧身姿势，脊柱侧弯比较明显	
实例	 		

四、小结

本节主要通过坐姿行为调查案例，分析了 3 种不同特征桌椅对于学生坐姿行为过程产生的影响，观察学生在学习过程中的坐姿变化，对学生的躯干、脊柱、腿部、手臂等身体部位的变化特征进行描述，探讨坐姿与桌椅特征之间的动态关系，以便更准确地获取学生与不同属性桌椅之间的动态人机适应性。

第三节　坐姿行为与人机适应性设计探讨

一、健康坐姿参数

通过前期对学生学习过程中的坐姿行为观察研究，分析学生在使用不同类型的学习桌椅过程中的行为表现特征及差异，同时借鉴现有国内外专家学者关于健康坐姿的界定以及主要身体参数，包含颈部角度（从头部到颈部的向量与重力方向之间的夹角）和躯干角度（从颈部到脊柱底部的向量与重力方向之间的夹角）的阈值 20°，脚踝、膝盖和臀部之间最佳弯曲角度 90°，躯干与大腿最佳夹角 135°，视距（眼睛与书本的距离）最佳范围 30 ~ 35cm，身体和桌子的最佳距离 10cm 左右，显示器屏幕位置应在视线以下 10° ~ 20° 等一系列参数，分析总结坐姿行为结构指标，主要包含头部动作、手臂与手的动作、腿与脚的姿势、身体姿势 4 部分，见表 4-5。

学生在整个坐姿行为过程中，会不断改变自身姿态动作，以追求自身状态的动态平衡。这一平衡状态的实现是使用者与桌椅之间持续交互的过程，此外还涉及所需要完成的学习任务以及持续的时长。

学生坐姿行为结构指标说明　　表 4-5

行为组	行为	具体行为描述
头部动作	自然朝前	头部自然朝前，双眼平视
	左右扭头	头部朝向身体的左边或者身体的右边偏转
	低头仰头	头部做低头或者抬头向上的动作
手臂与手动作	手臂支撑椅面或桌面	手臂抬起放置在桌面或者下垂支撑于椅面
	手持或者翻阅书本	前臂支撑于桌面，左手或右手完成书写动作
	寻找桌面物品	手臂置于桌面，单手或者双手在桌面上移动

续表

行为组	行为	具体行为描述
腿与脚的姿势	屈腿	双腿弯曲小腿向内侧收拢，膝关节角小于 90°
	自然状态	双脚平放在地面且膝关节角保持约 90°
	伸腿	双腿伸展小腿向前，膝关节远超 90°
身体姿势	前倾坐	身体前倾的坐姿，倾角大于 10°
	端坐	上身竖直，既不前倾也不后靠的坐姿
	后靠坐	腰背部靠在靠背上的坐姿
	侧坐	肩膀一边挨着靠背，另一边完全离开靠背
	站立	包括站立伸懒腰，来回走动等行为
	调整坐姿	臀部离开椅面来调整坐姿的行为

二、学习坐姿中的身体部位分析

学生在学习坐姿中，身体 4 个主要部位会产生动作及姿态的变化，而这些行为出现的时间和频率会因学习任务及个人生理和心理特征的不同有差异。头部的动作，会带来颈部弯曲的变化，出现频繁的扭头或者较大角度的头部扭动都将带来颈部弯曲数值的改变，也易于出现超过健康阈值的情况。同时，头部的动作也会带来眼睛与显示器等设备视距与视角的改变。头部动作在学习任务更换的时候会大量出现，在身体感到疲劳的时候或者对学习任务专注程度不高的时候出现，进行自我自适应调节的时候也会频繁出现。

（一）身体姿势

身体姿势主要集中体现于躯干部位，包含躯干竖直、前倾、后靠、左右倾斜，以及配合四肢的整体移动等，躯干的变化带来躯干弯曲角度的不同，也涉及躯干大腿角、躯干距离学习桌远近的数值等。身体姿势的变化以及调整频率和所执行学习任务的要求、个人对学习任务的专注程度，以及坐姿持续的时间都有着一定的关系。书写时，多为前倾姿势。聆听状态多为端坐、后靠。身体有了疲劳感的时候，会通过自身的适应性调整来寻找更舒适的姿势，会出现侧坐、站立以及离开椅面的调整动作。

（二）腿与脚的姿势

腿与脚的姿势主要分为膝关节角度近似 90° 时小腿自然下垂姿势，膝关节小于 90° 时的小腿弯曲姿势和膝关节角近似 180° 时的小腿伸直姿势。实际观察中可以发现，在学习行为开始初期，腿与脚的姿势多为近似 90° 或者小于 90°，这是由于学生在比较专注学习的时候，身体姿势处于相对紧绷的状态，随着时间的延长，当人体出现久坐状态或者随着学习任务专注性要求程度降低时，腿与脚的变化频率增加，并开始出现近似 180° 的情况，即腿脚在伸展，人体在自我适应性调节。

（三）手臂和手的动作

手臂和手的动作会带来肩背肌肉受力情况的变化，手臂支撑桌面或椅面、手臂抬起等动作会导致肩胛提升、肩胛前伸，持续频繁的这些动作会增加生理疲劳感受。手臂持书阅读，虽然易出现手臂及手腕的疲劳，但对于保证健康视距有很大的帮助。这种状态下的视距和前臂长度数值有着直接关系，即个体前臂长度将较直接地影响人眼到书本的距离。另外，手臂的动作往往与身体躯干的动作一同出现，因为大幅度的手臂动作自然会带动身体的变化，肩部位置的变化也会引起脊柱位置的改变。

三、学习坐姿结构检查表与适应性设计

结合前期对学生使用 3 种不同桌椅时学习坐姿行为的观察，总结主要身体部位变化特征，同时结合国内外学者的相关研究成果，依据身体 4 个部位的表现，细化更具体的身体关节角度，归纳总结可供借鉴讨论的参数数值，见表 4–6。

学生坐姿行为结构检查表　　表 4–6

行为组	部位	评价标准
头部动作	颈部弯曲	＞ 20°，可能引起肌肉骨骼疾病，＞ 45°，不健康程度加剧
	视距	书写时，30 ～ 35cm；VDT 类操作员，建议 50 ～ 70cm 为宜
身体姿势	躯干弯曲	＞ 20°，可能引起肌肉骨骼疾病；＞ 45°，不健康程度加剧
	躯干大腿角	脊柱腰椎受力最佳角度范围 120° ～ 135°
腿与脚的姿势	膝关节角	90° 为宜
手臂与手动作	手臂外展角	自然下垂情况下 30° ～ 50°

不同类型的学习桌椅可能存在匹配和不匹配的多种情况，使用者与学习桌椅之间的交互行为也是多样的，这是人体自身为了获得自适应表现出来的自我动态调节行为，如加大身体局部弯曲角度或者不断调整坐姿，缓解身体局部受力疲劳等情况。即便学生所使用学习桌椅的基本属性与使用者本身特征能够达到基本匹配，但随着使用时间的延长，使用者身心状态会发生变化，具体的交互行为也会随之发生改变，并且这种改变不会停止，而是始终处于动态的发展过程之中。

在学习桌椅的适应性设计中，面对坐姿行为的变化，可以对照坐姿行为结构检查表（表 4–6），分析坐姿在不同阶段时的表现，采用非接触式感应技术等方法，及时准确地获取实时坐姿数据，对超过健康阈值的情况，通过有效的设计进行外部行为的引导，使人们主动调整坐姿，以实现桌椅人机交互适应的动态平衡。

综上所述，通过观察学生实际学习坐姿行为，明确头部动作、身体姿势、腿与脚的姿势、手臂与手动作 4 部分的坐姿行为结构指标，可以更好地为后期实验中身体关键特征的选取提供依据，并进行桌椅人机适应性设计。

四、小结

本节结合大量文献的研究，梳理总结了健康坐姿的相关参数，在此基础上，结合本章前两节对坐姿影响因素的分析和坐姿调查案例中身体特征的阐述，总结坐姿行为结构指标。与此同时，建立学习坐姿结构检查表并提出人机适应性设计方向。

本章结语

本章主要以学习坐姿为例，从人执行坐姿行为的内外两个层面总结了影响坐姿行为变化的因素，并选取易于主观介入调节的 4 个主要外在因素进行详细阐述与研究，同时结合实地观察，分析总结不同基本属性的学习桌椅与使用者之间所形成的人机关系的差异，以及使用者坐姿形式的不同。在案例研究中，学生使用与自身体态特征不匹配的桌椅会带来更多坐姿形态，伴随更为频繁的姿势变换，其中也存在着大量不健康的姿势表现。而使用尺度匹配的学习桌椅同样会出现坐姿的改变，以及不健康的坐姿情况，其原因包含桌椅摆放的相对位置距离不当、学生自身因进行不同类型的学习任务或使用不同的学习工具而频繁更换姿势。此外，因不同坐姿、持续时长等带来个人身心状态疲劳，也会出现姿势的改变。基于上述的研究，并结合大量文献，总结建立坐姿行为结构指标检查表，以便为后期动态数据采集实验提供依据。

第五章

基于坐姿分析的桌椅人机适应性实验案例

第一节　坐姿分析实验概述

第二节　实验过程及数据处理

第三节　实验结果和分析

第四节　动态适应中的桌椅调控设计策略

本章结语

第一节　坐姿分析实验概述

一、实验目的

通常学生在学习中的坐姿是一个逐步变化的过程，不良姿势在这一过程中慢慢呈现出来，而对于坐姿的舒适与健康程度，学生自身往往无明显意识，只有在身体一些部位产生明显的疼痛感觉时才有所反应。本实验采用非接触方式对学生学习坐姿行为数据进行采集，通过机器学习的方式精确分析不同时间段坐姿具体变化规律，以便为后期的桌椅适应性调节方案提供依据。

二、实验环境及条件

（一）实验设备说明

本次实验使用设备及参数如下：

（1）Microsoft Kinect V2：具体参数见表 5-1。

（2）惠普（HP）暗影精灵 3 代电脑：Core i5 8400，内存 8GB，GTX1060 6GB。

（3）科乐威尔儿童学习桌椅：Z901 蓝桌 + 蓝椅 KT1001。

Microsoft Kinect V2 参数　　表 5-1

颜色	分辨率	1920 × 1080
	每秒传输帧数	30fps（环境光线较暗时，Kinect V2 彩色摄像机自动以 15fps 运行）
深度	分辨率	512 × 424
	每秒传输帧数	30fps
可被检测的人数		6 人
人的关节数量		25 个 / 人
深度的获取范围		0.5 ~ 8.0m
人的检测范围		0.5 ~ 4.5m
角度	水平	70°
	垂直	60°

本实验选用微软 Kinect V2 作为坐姿采集设备，Kinect 是一种基于视觉的运动捕捉系统，使用红外传感器获取深度信息，具有实时计算、便携和低成本的优点，同时其非侵入式的特点不会对测试者带来困扰，现阶段已经得到了大量研究人员的认可。

Kinect V2 是微软 Kinect 的二代产品，在传感器硬件以及开发套件 SDK V2 软件上都进行了改进。如图 5-1 所示，设备从左到右依次是 RGB 摄像头、深度传感器、红外线发射器和电源显示灯，下方为麦克风阵列。Kinect V2 传感器主要通过红外线发射器获取深度信息，捕捉的每帧彩色图像分辨率为 1920 × 1080，结合 SDK V2 开发套件可以对人体 25 个主要关节进行识别跟踪。具体关节如图 5-2 所示。

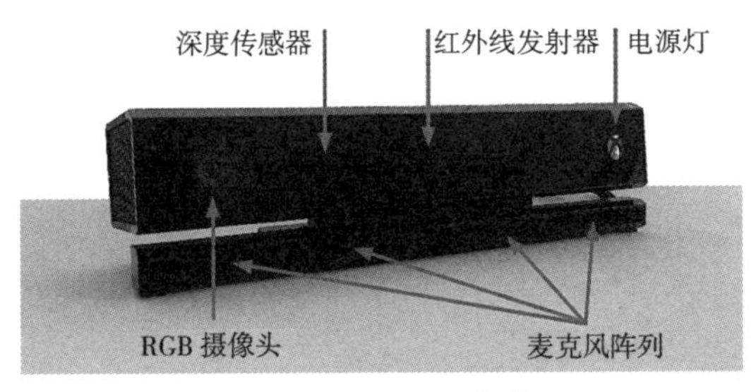

图 5-1 Kinect V2 传感器

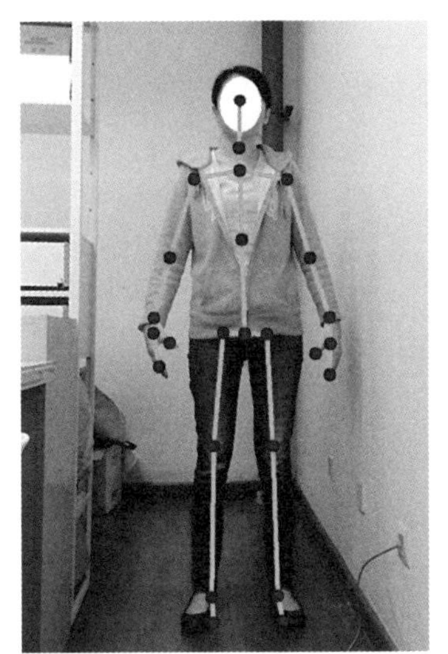

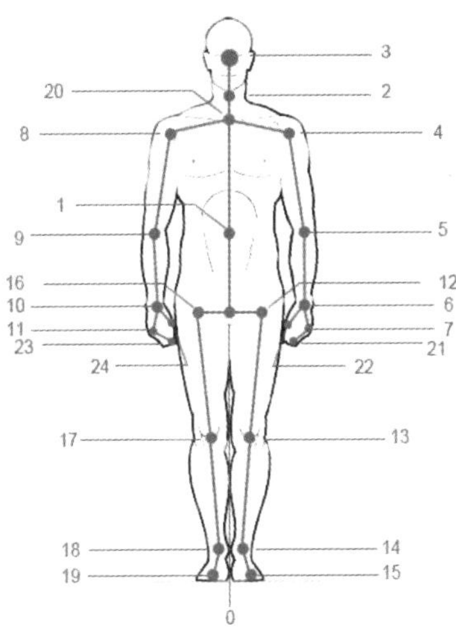


```
JointType_SpineBase = 0,
JointType_SpineMid = 1,
JointType_Neck = 2,
JointType_Head = 3,
JointType_ShoulderLeft = 4,
JointType_ElbowLeft = 5,
JointType_WristLeft = 6,
JointType_HandLeft = 7,
JointType_ShoulderRight = 8,
JointType_ElbowRight = 9,
JointType_WristRight = 10,
JointType_HandRight = 11,
JointType_HipLeft = 12,
JointType_KneeLeft = 13,
JointType_AnkleLeft = 14,
JointType_FootLeft = 15,
JointType_HipRight = 16,
JointType_KneeRight = 17,
JointType_AnkleRight = 18,
JointType_FootRight = 19,
JointType_SpineShoulder = 20,
JointType_HandTipLeft = 21,
JointType_ThumbLeft = 22,
JointType_HandTipRight = 23,
JointType_ThumbRight = 24,
```

图 5-2 Kinect V2 SDK 跟踪的 25 个关节

本实验所选用的科乐威尔儿童学习桌椅（Z901 蓝桌 + 蓝椅 KT1001）属于目前市场上常规型儿童学习桌椅。根据本书 3.1 节的分析结果，该桌椅具有市场上不同品牌基本款的典型特征，价位符合大众消费水平，并能够满足实验所需全部要求。

（二）实验对象

实验选取 12 名一至六年级小学生（6 男 6 女）作为被试者。参照《中国未成年人人体尺寸》GB/T 26158—2010 标准，并结合人体工程学设计中常用的百分位数，其中身高位于 P5 ~ P10 百分位区间的 1 人，位于 P90 ~ P95 百分位区间的 1 人，位于 P25 ~ P50 百分位区间的 2 人，位于 P50 ~ P75 百分位区间的 3 人，位于 P75 ~ P90 百分位区间的5人，测试前获取被试者身高、体重、肘高、小腿加足高、膝高等人体尺寸数据，并进行统计，见表5-2。被试者均身体健康，无腰背疼痛病史，有正常的裸眼视力或矫正视力，均右手握笔，全程能够保持较为准确的握笔姿势，笔与纸面夹角约50°，拇指、食指、中指三指执笔，且离笔尖约3cm，保证书写中不遮挡视线。测试前被试者无疲劳状态。测试仪器设备对被试儿童无任何伤害，全程征得家长及儿童同意。

受试者相关数据　　表5-2

项目	最大值	最小值	均值 ± 标准差
年龄	12	7	9.4 ± 1.8
身高（cm）	160.5	117.5	141.1 ± 12.3
体重（kg）	59.6	20.6	37.3 ± 11.8
肘高（cm）	21	15	18.3 ± 1.74
臀腘距（cm）	43	32	37.9 ± 3.5
小腿加足高（cm）	42.5	30.3	36.9 ± 3.6
膝高（cm）	53	36.5	45.4 ± 5.1

（三）实验环境

本实验为了避免周围人员以及嘈杂环境对实验过程的干扰，选择在独立开阔的房间开展实验，如图5-3所示。桌椅采用市面上通用的可以调节式小学生专用学习桌椅，桌椅品牌为科乐威尔Z901蓝桌+KT1001蓝椅。实验使用的Kinect V2放置在被试人员右侧的矢状面上，设备与被试人员之间没有其他物体阻隔，两者间隔1.5m，保证可以得到该方向下的正投影，以便于坐姿角度的获取。实验桌椅高度与角度，均会依据每位被试人员实际身高、肘高、小腿加足高等数据进行调节，桌面高度为坐姿肘高加4cm，倾斜角度设置为15°，高度与角度设置的目的是使桌椅能够达到使用者适应的条件要求。

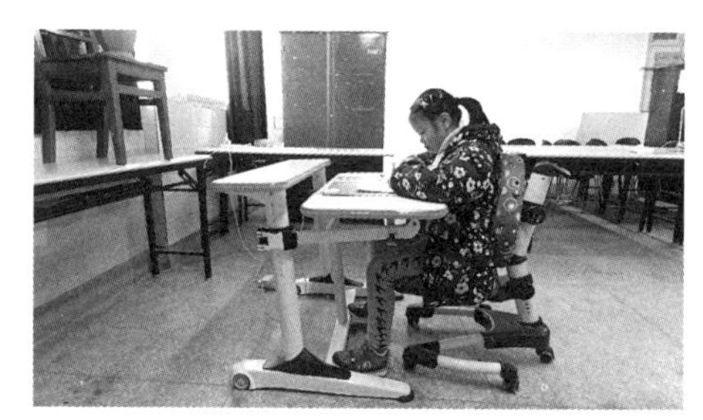

图5-3　实验环境

三、实验任务及测试项目界定

实验设置了书写、阅读和使用平板电脑3种任务，每项任务15min，被试者在3项任务中完成的具体内容是各个年级的作业，字体大小为正式出版教材及作业辅导材料常规字号。

结合第四章中对坐姿行为结构的分析，本实验共采集6组数据：1项距离数值和5

项身体角度，如图 5-4 所示。由于实验采用 PEO 模型中的颈部弯曲和躯干弯曲参数没有统一界定，现有文献对躯干弯曲选取有两种不同的方法，本研究将同时采用两种方式进行数据采集，即躯干弯曲测试项目分为躯干弯曲①和躯干弯曲②。测试项目具体界定如下：

视距：被试者眼部到书本的直线距离。

颈部弯曲：头部质心点（Head）和颈部（Neck）连线，与重力向量之间的夹角。

躯干弯曲①：脊椎顶部点（Spine Shoulder）与脊椎尾部点（Spine Base）的向量连线与重力向量之间的夹角。

躯干弯曲②：任意坐姿（HSP 坐姿）下的躯干中心线与理想坐姿（SPIP）下的躯干中心线所形成的夹角（这里的理想坐姿采用竖直坐姿）。

躯干大腿夹角：膝盖点（Left/Right knee）、脊椎尾部点 Spine Base 的连线和脊椎尾部点、脊椎顶部点 Spine Shoulder 连线的夹角。

膝关节角：左（右）脚踝点（Left/RightAnkle）到左（右）膝盖点（Left/RightKnee）连线，与左（右）膝盖点（Left/RightKnee）到脊椎底部点（MidHip）连线的夹角。

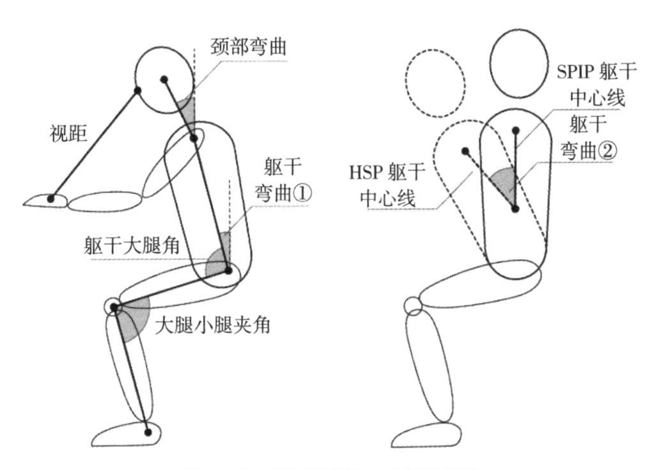

图 5-4　测试距离及角度示意图

四、小结

本节主要对非接触方式采集坐姿行为数据实验进行概述。分别从实验目的、实验设备、实验对象、实验环境、实验任务及测试项目的界定等多方面进行阐述。全面介绍了实验的前期准备、实验项目的设计、任务的设置，为后期实验的科学性与准确性奠定基础。

第二节　实验过程及数据处理

一、实验数据计算方法

（一）视距

由于书本相对于被试者的位置很少发生变化，几乎可以认为是静止的，为了减少计算量将其设定为一个固定点，代表书本的位置，并在实验开始前调整画面中该点的位置与书本的位置一致。之后将该点在彩色图像坐标系中的坐标记作：$\boldsymbol{p}_{\mathrm{rgb}}=[x_1, y_1]^T$。

利用 Kinect SDK 提供的函数将其映射到相机坐标系，记作：$\boldsymbol{p}_{\mathrm{camera}}=[u_1, v_1, w_1]^T$。

眼部在相机坐标系中的坐标记为：$\boldsymbol{q}_{\mathrm{camera}}=[u_2, v_2, w_2]^T$。

此时视距 d 即为 $\boldsymbol{p}_{\mathrm{camera}}$ 与 $\boldsymbol{q}_{\mathrm{camera}}$ 向量差的 L^2 范数：

$$\begin{aligned} d &= \| \boldsymbol{p}_{\mathrm{camera}} - \boldsymbol{q}_{\mathrm{camera}} \| \\ &= \sqrt{(u_1-u_2)^2+(v_1-v_2)^2+(w_1-w_2)^2} \end{aligned} \tag{5-1}$$

（二）坐姿关键角度

倾角即为两关节点连线与重力向量的夹角，如图 5-5（a）所示。由于实验中 Kinect 被放置在被试者的矢状面，可以使用关节点的矢状面投影来代替三维关节点，即使用关节点在彩色图像中的坐标进行计算。

为了保证符号为正，规定远离交点的方向为正方向：

两个相连线的关节在彩色图像中的投影点分别记作 $\boldsymbol{p}_1=[x_1, y_1]^T$，$\boldsymbol{p}_1=[x_2, y_2]^T$，则其连线为 $\boldsymbol{l}=[x_1-x_2, y_1-y_2]^T$。

而竖直方向可以用单位向量 $\boldsymbol{e}=[0, -1]^T$ 表示。

可得出倾角 φ 为：

$$\varphi = \cos^{-1}\left(\frac{\boldsymbol{l}\cdot\boldsymbol{e}}{\|\boldsymbol{l}\|\ \|\boldsymbol{e}\|}\right) \tag{5-2}$$

对于夹角：如图 5-5（b）所示，高低相邻的 3 个关节点中，关节点 1、3 与关节点 2 连线所成的以关节点 2 为顶点的角，即为所求的夹角。实验中同样使用彩色图像中的关节点坐标进行计算。

关节点 2（$\boldsymbol{p}_2=[x_2, y_2]^T$）与关节点 1（$\boldsymbol{p}_1=[x_1, y_1]^T$）的连线记作 $\boldsymbol{l}_1=\boldsymbol{p}_2-\boldsymbol{p}_1$，关节点 2 与关节点 3 的连线记作 $\boldsymbol{l}_2=\boldsymbol{p}_2-\boldsymbol{p}_3$。

则二者夹角 φ 为：

$$\varphi = \cos^{-1}\left(\frac{\boldsymbol{l}_1\cdot\boldsymbol{l}_2}{\|\boldsymbol{l}_1\|\ \|\boldsymbol{l}_2\|}\right) \tag{5-3}$$

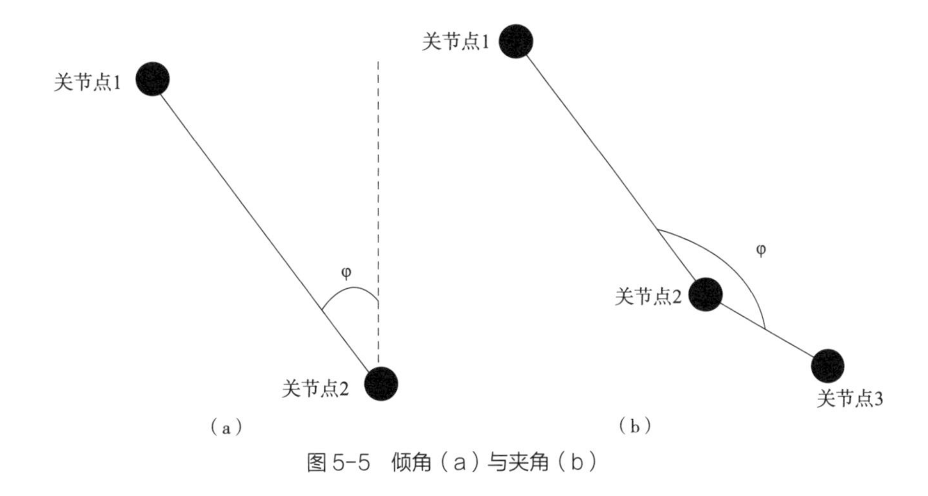

图 5-5 倾角（a）与夹角（b）

二、预实验流程及数据分析

（一）预实验流程

配置 Kinect V2 设备运行及计算分析环境，使用 Microsoft Kinect SDK 中附带的测试程序对 Kinect V2 进行测试，确认设备运转正常，并且可以实时追踪测试所需关键点，进而计算坐姿中的身体角度。具体流程如图 5-6 所示。

（二）预实验数据分析

通过预实验检测获得以下结果：

1. 在预实验中 Kinect 的彩色摄像头捕捉到的是被试者的矢状面正投影，投影画面上的关节点能很好地反映几组实验所需的实际角度关系。

2. Kinect 是一个 ToF 传感器，实验能够获得物体在三维空间中的位置，因此也能准确测量视距。

3. 在预实验中，发现 Kinect SDK 依据深度数据来估计人体姿态，受制于算法的局限性，被试者与环境物体距离过近（如紧贴坐在椅子上），就很难将用户从环境中区分开，会导致关节点的位置估算出现误差。

4. 测试中，头部、腿部关节等部分关节点坐标精确程度不够，影响角度计算的准确性。

预实验尝试获得所需的实验数据，包括视距和一系列角度数据。然而受制于 Kinect SDK 中一些算法的局限性，并不能完整地得出所有的实验数据。整个测试环节记录了所有实验过程中获取的原始数据，这样可以在后续中不断改善实验步骤，以获得更加精确的实验结果。

5. 预实验中为了加速计算过程，假定书本的位置不动，使用了一个固定点来代替书本的位置，但实验时发现被试者在写书和阅读时偶尔会调整书本的位置，这样预置

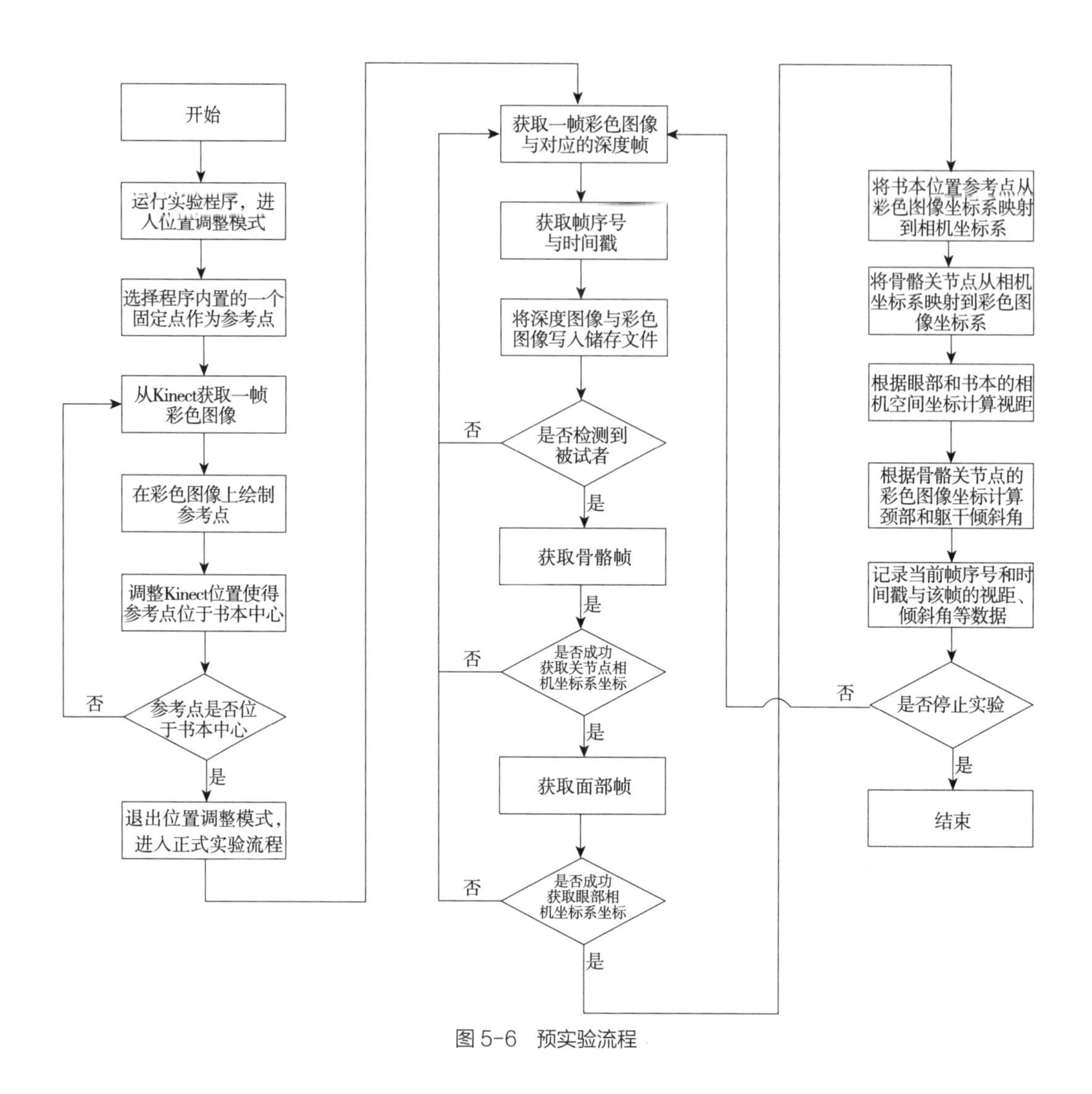

图 5-6 预实验流程

固定点的方式就会导致视距的计算不够准确。

三、实验修正

（一）修正实验方案

针对预实验中存在的问题，调整修改实验方案。首先，使用效果更好的人体姿态估计算法，来获得完整的人体关节点坐标；动态跟踪书本的位置和被试者头部质心；建立彩色图像空间—深度图像空间—相机空间之间的坐标映射关系。修正后的实验流程如图 5-7 所示。

（二）OpenPose 二维姿势监测实时系统

使用 OpenPose 进行人体姿态分析，代替 Kinect SDK 中的算法。OpenPose 是美国卡耐基梅隆大学（CMU）开发的第一个也是目前最新的用于多人二维姿势检测的开源

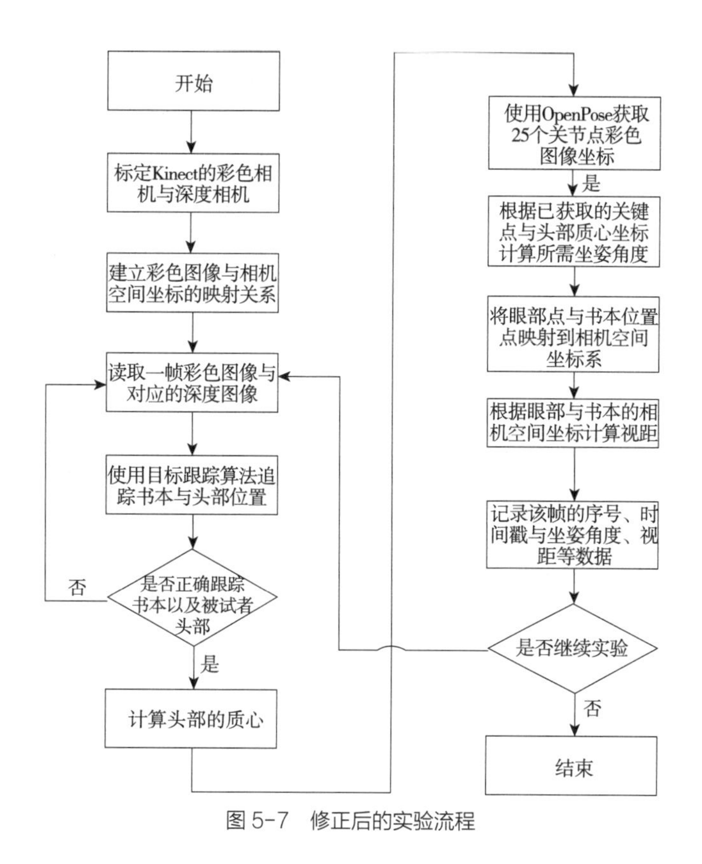

图 5-7 修正后的实验流程

实时系统，使用 RGB 图像作为输入，彩色图像能提供更多的视觉特征，可以识别包括身体、脚、手和面部等关键点，并经过国外学者大量实验检测，在人体外观变化、遮挡、拥挤、接触和其他常见成像中都可以准确识别，如图 5-8 所示。使用 OpenPose 可以避免本研究预实验中无法分离被试者与邻近环境物体的情况，其人体、五官以及手指关键点识别的准确度已在美国卡耐基梅隆大学感知计算实验室的大量实验中得到验证，如图 5-9 所示。

OpenPose 识别人体关节点与 SDK 略有不同，如图 5-10 所示。虽然 OpenPose 的 BODY_25 没有了"Head"点，却增加了五官节点，这对于实验中测试视距极其重要。

（三）OpenPose 识别坐姿准确度对比测试

使用 OpenPose 后，需要对 Kinect 进行重新标定。通过标定 Kinect 设备来获取其 RGB 摄像头和红外摄像头的光学特性参数，以及两个摄像头之间刚体变换矩阵，建立坐标映射的数学模型。使用 OpenCV 提供的 KCL（相关滤波）算法来实时跟踪书本位置，确定动态中用户头部的位置。

对比 Kinect SDK V2、OpenPose、人工检测三种方式下，被试者完成书写、阅读、使用平板电脑不同任务时，在同一帧画面中的身体角度数据，见表 5-3。通过对比实

图 5-8　OpenPose 常见的成像结果

来源：CAO Z，SIMON T，WEI S E，et al. OpenPose：realtime multi-person 2D pose estimation using part affinity fields [C]//IEEE Conference on Computer Vision and Pattern Recognition CVPR，2017：7291-7299.

图 5-9　OpenPose 准确识别人体关键点

来源：OpenPose：real-time multi-person keypoint detection library for body，face，hands，and foot estimation [EB/OL]. [2022-03-02]. https：//github.com/CMU-Perceptual-Computing-Lab/openpose.

验，可以发现 OpenPose 的关键点捕捉状态稳定，所获取的数据与人工检测数据最近似。因此，选择 OpenPose 与 Kinect V2 相结合，是目前较理想的动态坐姿识别方法，十分适合本项目的分析应用。

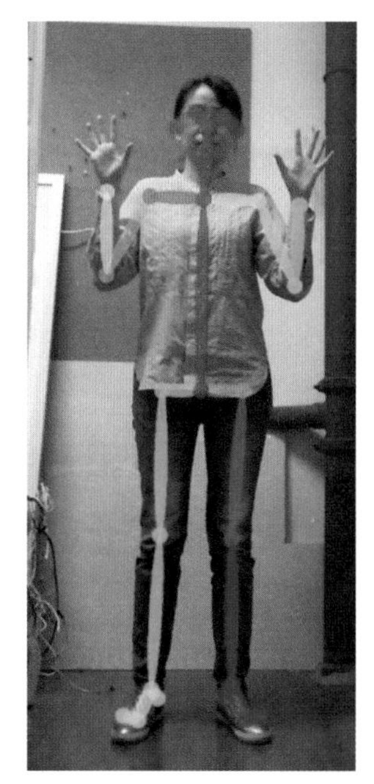

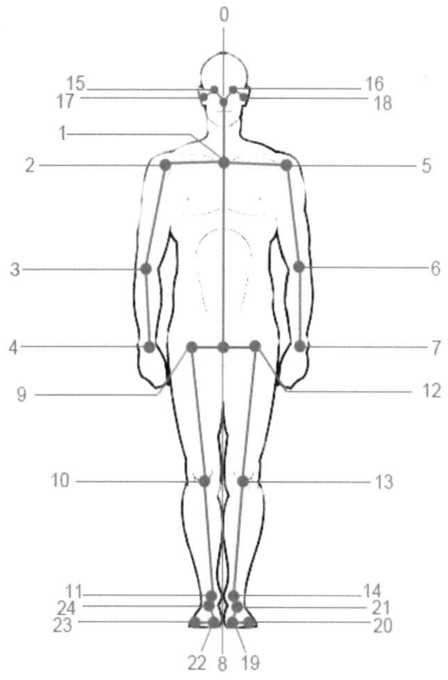


```
{0,  "Nose"},
{1,  "Neck"},
{2,  "RShoulder"},
{3,  "RElbow"},
{4,  "RWrist"},
{5,  "LShoulder"},
{6,  "LElbow"},
{7,  "LWrist"},
{8,  "MidHip"},
{9,  "RHip"},
{10, "RKnee"},
{11, "RAnkle"},
{12, "LHip"},
{13, "LKnee"},
{14, "LAnkle"},
{15, "REye"},
{16, "LEye"},
{17, "REar"},
{18, "LEar"},
{19, "LBigToe"},
{20, "LSmallToe"},
{21, "LHeel"},
{22, "RBigToe"},
{23, "RSmallToe"},
{24, "RHeel"},
```

图 5-10　OpenPose 25 个关键点

Kinect SDK V2、OpenPose 与人工检测角度对比　　表 5-3

任务	角度	SDK V2	OpenPose	实测
书写	颈部弯曲	19.99°	7.71°	10.30°
	躯干弯曲	5.45°	6.55°	6.40°
	躯干大腿角	76.55°	96.76°	96.71°
	膝关节角	55.62°	79.56°	77.65°
阅读	颈部弯曲	11.32°	8.28°	9.06°
	躯干弯曲	1.90°	8.61°	6.84°
	躯干大腿角	97.92°	95.24°	96.60°
	膝关节角	57.99°	76.91°	75.93°
平板电脑	颈部弯曲	21.70°	13.63°	16.15°
	躯干弯曲	7.61°	16.10°	16.02°
	躯干大腿角	97.29°	85.01°	82.84°
	膝关节角	147.45°	108.69°	108.53°

四、实验数据处理

采用本章第二节中视距、夹角和倾角的计算方法，计算统计全部被试者完成 3 项任务过程中坐姿变化数据。

实验数据采集完成后，利用 SPSS 25.0 计算各项数据指标的均值以及振幅概率分布函数 APDF 的第 90 和第 10 百分位之间的差值，即振幅范围的度量 $APDF_{(90-10)}$。对各项指标的均值和 $APDF_{(90-10)}$ 值进行方差分析（ANOVA），$P < 0.05$ 被认为是显著的。本研究同时使用 Matplotlib 和 ECharts 进行数据可视化分析，分析颈部弯曲和躯干弯曲、视距等 3 组数据在不同学习任务中及不同时间段的动态变化规律。

五、小结

本节主要通过预实验对前期的实验设计进行检查，针对预实验中存在的问题进行分析，并提出修正方案，引入 OpenPose 二维姿势检测开源实时系统，分析指出其可以有效解决预实验中无法分离被试者与邻近环境物体的问题，同时对 OpenPose 识别坐姿的准确度进行测试，检测无误后，全面使用 OpenPose 对被试对象展开数据检测，并完成实验数据的处理。

OpenPose 可以准确捕捉人的五官节点，这对于实验中测试视距有极大的帮助，可以为本次研究提供不同任务时的视距数据。颈部弯曲、躯干弯曲、躯干大腿角、膝关节角、视距这些多样化数据的采集和分析，可以更加全面准确地掌握桌椅使用者的坐姿状态，为桌椅的动态人机适应性设计研究做好基础数据准备。

第三节　实验结果和分析

一、颈部弯曲

（一）弯曲角度分析

实验中不同任务时受试者颈部弯曲均值：书写＞阅读＞使用平板电脑。任务对颈部弯曲变化的影响较为显著（$P < 0.05$），见表 5-4 和图 5-11。在国外现有便携人机观察法（Portable Ergonomics Observation method，PEO）研究模型中，颈部弯曲和躯干弯曲的 20° 这一阈值被认定为健康坐姿的一项判别参数，一些学者在应用研究中又增加了 45° 这一阈值。在本实验中，颈部弯曲超过 20° 和 45° 的时间占比见表 5-5，数据表明书写状态下更易出现不健康的颈部弯曲角度。

3 种任务中的测试项目均值、标准差和方差 表 5-4

	书写		阅读		平板电脑		任务类型	
	均值	标准差	均值	标准差	均值	标准差	*F*	*P*
颈部弯曲	27.6°	9.8	22.2°	10.6	17.4°	8.6	3.3	0.048
躯干弯曲①	8.4°	4.1	8.2°	5.5	11.9°	5.8	1.9	0.164
躯干弯曲②	16.9°	8.3	16.3°	11	23.8°	11.6	1.9	0.164
躯干大腿角（左）	104.7°	9.1	107.7°	8.8	104.1°	12.8	0.4	0.658
躯干大腿角（右）	106.2°	8.6	107.9°	8.2	105.8°	13.3	0.1	0.887
膝关节角（左）	80.3°	16.1	86°	12.8	85.9°	15.6	0.6	0.574
膝关节角（右）	81°	14.2	86.1°	11.4	88.5°	16.8	0.9	0.428
视距	277mm	35.8	278.9mm	41.6	397.8mm	54	28.3	＜0.001

三种任务中颈部弯曲和躯干弯曲超过健康阈值的时间占比 表 5-5

	书写		阅读		平板电脑	
	20° ~ 45°	＞45°	20° ~ 45°	＞45°	20° ~ 45°	＞45°
颈部弯曲	57.5%	9.9%	45.6%	5.8%	32.7%	3.3%
躯干弯曲①	6.8%	0%	5.9%	0%	20.3%	0.1%
躯干弯曲②	30.2%	3.6%	29.4%	5.1%	36.4%	13.9%

（二）振幅概率分析

颈部弯曲在 3 项任务时的振幅概率分布范围 $APDF_{(90-10)}$ 值见表 5-6 和图 5-11，任务对颈部弯曲的振幅概率分布影响不显著（$P > 0.05$），其中阅读状态的振幅概率分布与书写状态的近似。较大的 $APDF_{(90-10)}$ 表示姿势发生较大的变化，从而反映出坐姿活动的变异性增加，即姿势不单调。而 $APDF_{(90-10)}$ 数值小，则说明姿势变化幅度小，国外一些学者也提出了无论是长时间重复的短周期振幅或几乎持续很长时间的相同振幅，这种缺乏变化的弯曲都与肌肉骨骼疾病（MSD）风险有关。这也说明，颈部如果长时间保持一个弯曲角度不动或者持续相同幅度的弯曲变化对于小学生来说都会产生不适。

3 种任务时测试项目的振幅概率分布（$APDF_{(90-10)}$） 表 5-6

	书写		阅读		平板电脑		任务类型	
	均值	标准差	均值	标准差	均值	标准差	*F*	*P*
颈部弯曲	22.3	8.6	22.9	7.4	18.3	6.2	1.3	0.276
躯干弯曲①	12	3.7	10.4	5.2	14.2	5.8	1.8	0.169
躯干弯曲②	24	7.4	20.8	10.3	28.4	11.7	1.8	0.169
躯干大腿角（左）	25.4	9.3	29.7	17.3	27	9.7	0.4	0.702
躯干大腿角（右）	26.8	8.2	28.5	18.9	24.9	10.1	0.2	0.791

续表

	书写		阅读		平板电脑		任务类型	
	均值	标准差	均值	标准差	均值	标准差	F	P
膝关节角（左）	40.5	22.8	57.6	25.3	32.1	18.1	4.1	0.026
膝关节角（右）	37.4	21.2	52.3	26.9	30.1	15.8	3.2	0.049
视距	108.3	25	85.7	18.5	115.6	45.6	2.9	0.071

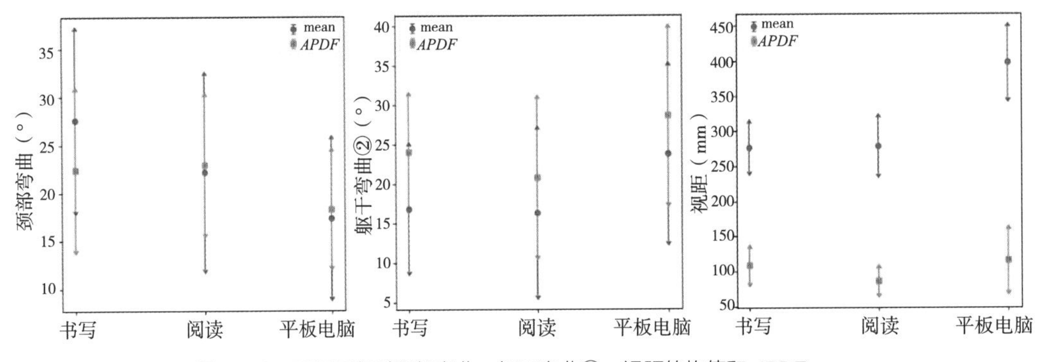

图 5-11 不同任务时颈部弯曲、躯干弯曲②、视距的均值和 $APDF_{(90-10)}$

（三）持续时间分析

颈部弯曲均值在书写任务中前 300s 变化相对比较平缓，集中出现在 25° ~ 30°，300s 后开始加大变化幅度，具体如图 5-12 所示。书写状态下的颈部弯曲随时间延长表现出来的变化幅度及频率更明显。

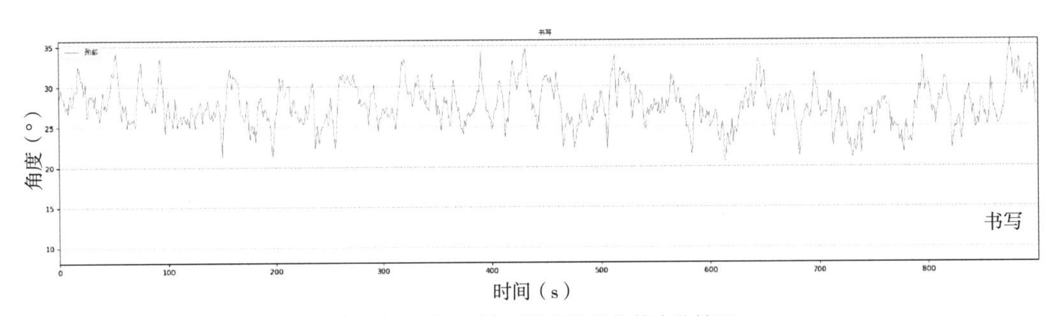

图 5-12 书写任务时颈部弯曲均值变化情况

在阅读任务中的颈部弯曲均值集中出现在 20° ~ 25°，300 ~ 600s 间变化比较平缓，整体上颈部弯曲均值随时间增长没有明显数值增长情况，具体如图 5-13 所示。

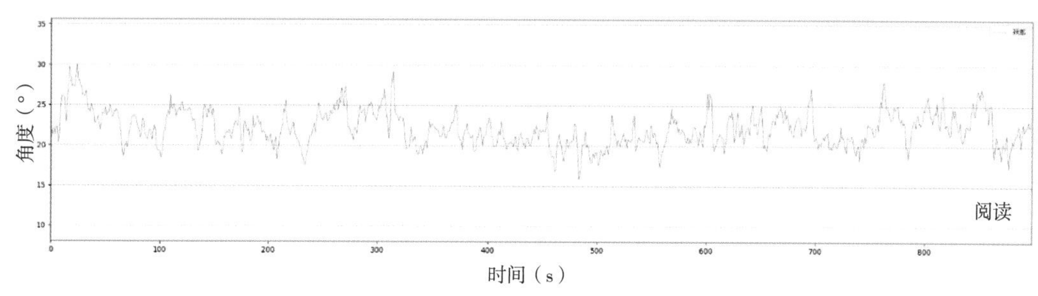

图 5-13　阅读任务时颈部弯曲均值变化情况

二、躯干弯曲

（一）弯曲角度分析

躯干弯曲角度均值见表 5-4 和图 5-11。任务对躯干弯曲变化的影响不显著（$P > 0.05$）。躯干弯曲①和躯干弯曲②，虽然是两种不同的界定方式，但最后数值所表现出来的趋势是相同的。躯干弯曲角度整体变化相对平稳，实验中躯干弯曲②在使用平板电脑任务中超过 20° 和 45° 的时间占比大于其他两种任务，见表 5-5，这也说明，在相同桌高的情况下，小学生习惯通过躯干弯曲来适应屏幕的高低，并且易出现超过 45° 的大幅度弯曲。

（二）振幅概率分析

躯干弯曲振幅概率分布范围 $APDF_{(90-10)}$ 见表 5-6 和图 5-11，使用平板电脑任务中躯干弯曲变化幅度大于同任务中颈部弯曲变化幅度，即平板电脑任务中躯干活动更多。书写任务中则是颈部弯曲变化幅度大于同任务时躯干弯曲变化幅度，即书写时颈部活动更多。

（三）持续时间分析

在不同任务中，躯干弯曲①的均值随时间变化的情况如图 5-14 所示，书写任务时的躯干弯曲均值随时间延长会表现出一定数值增长趋势，阅读任务中的躯干弯曲均值相对比较稳定。

三、躯干大腿角

（一）弯曲角度分析

任务对躯干大腿角的影响不显著（$P > 0.05$），学生在坐姿过程中，双腿并不一定同步调整，时常会出现高低前后的差异，双脚有时会踩在座椅滑轮上，而非一直平放在地面，这就使得躯干大腿角（左右）存在轻微差异，均值见表 5-4。阅读任务时的躯干大腿角均值略大于其他两种任务时的该数值，相对更加接近 120° ~ 135° 这个放

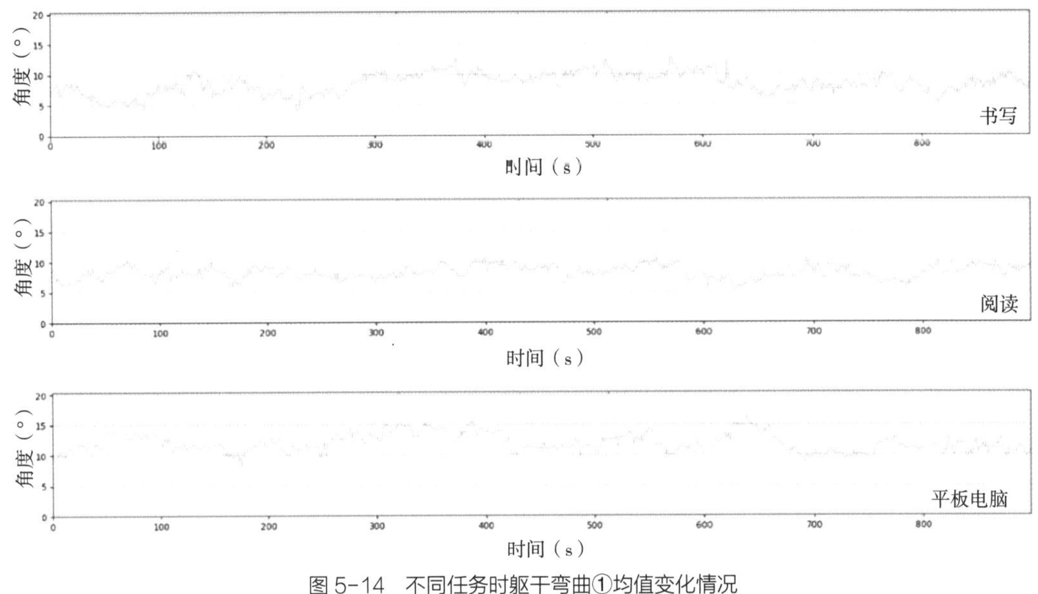

图 5-14　不同任务时躯干弯曲①均值变化情况

松坐姿角度区间，说明学生在阅读纸质材料状态下的人体相对更加放松，躯干会自主寻找更加适应的舒适姿态。而使用平板电脑过程虽然也是一种阅读形式，但是躯干大腿角度与书写状态更接近。

（二）振幅概率分析

躯干大腿角振幅概率分布范围 $APDF_{(90\text{–}10)}$ 见表 5–6。由于 Kinect 右侧放置，且 Kinect 从图像数据流里读取的图像是镜像呈现，使得左边数据相对更加精准。实验中，以左侧数据为主要比较依据。

（三）持续时间分析

躯干大腿角均值在不同任务中随时间延长变化趋势如图 5–15 所示。在书写和平板电脑任务时，被试者大多躯干前倾，大腿有向下倾斜趋势，因此躯干大腿角均值在 100° 左右变化。在书写任务的 400 ~ 600s，躯干大腿角的角度值明显增加，对比该时间段的躯干弯曲变化情况，可以看出躯干弯曲均值也相对增加，说明该时间段内被试者身体整体前倾有所加强。

四、膝关节角

3 种任务时的膝关节角（左右）均值都没有达到 90°，阅读与使用平板电脑时的膝关节角数值比较接近，大于书写状态，见表 5–4。说明这两种任务时，被试者下肢状态反应比较近似，而膝关节角振幅概率分布范围（*APDF*）见表 5–6。任务对膝关节角振幅概率分布范围（*APDF*）存在影响（$P < 0.05$）。

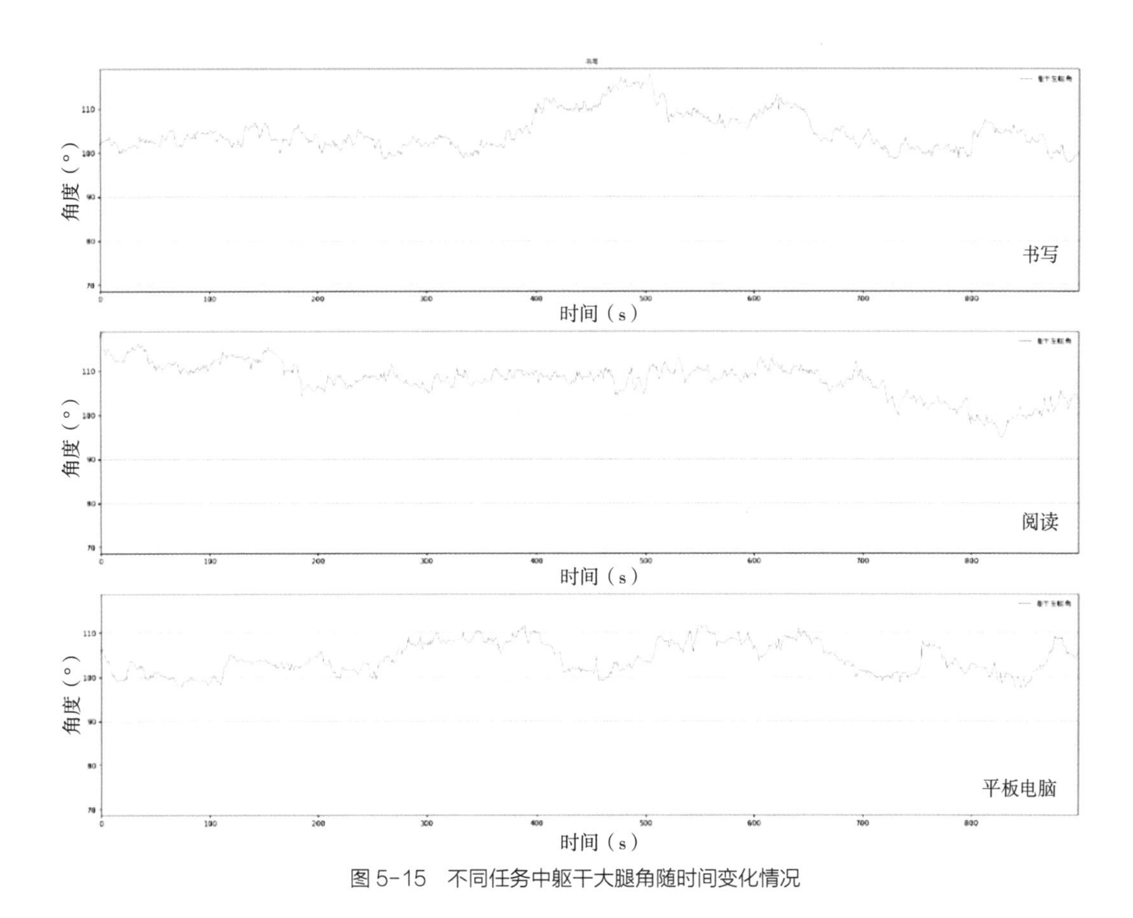

图 5-15 不同任务中躯干大腿角随时间变化情况

五、视距

（一）视距值分析

实验中被试者视距均值见表 5-4，任务对视距影响显著（$P < 0.001$）。实验结果表明在书写和阅读两种任务时近距离用眼程度相对较高。书写和阅读任务时受试者的视距大多集中在 25.0 ~ 30.0cm，略低于健康视距要求，而使用平板电脑中的视距集中在 37.5 ~ 42.5cm，相对视距更远。在我国儿童和青少年近视眼防治指南中，日常需严格控制视距尽可能大于 33cm，并且近距离用眼时间避免超过 45min，因此减少近距离用眼的总量尤为重要。

（二）不同状态下视距与颈部弯曲关系分析

现有研究表明颈部角度数值的加大带来视距缩短，这与裸眼视力的下降有着显著的关系。实验中，3 种状态下的视距与颈部弯曲关系如图 5-16 所示。在使用平板电脑时，受试者们的颈部弯曲值较小且视距相对较远，而阅读书纸书本时，受试者采用平

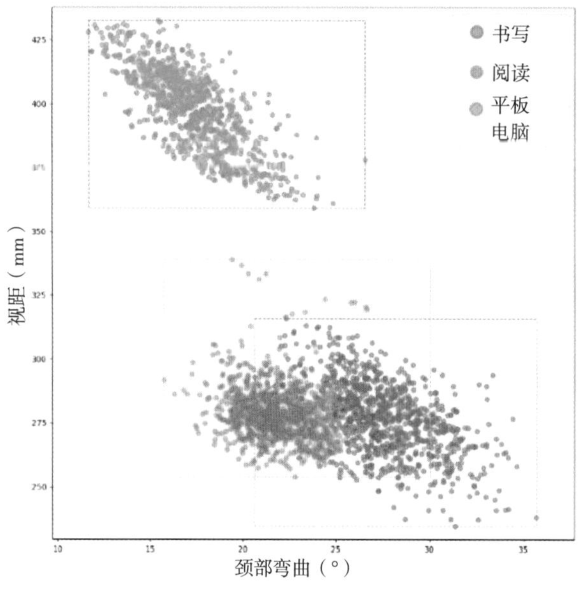

图 5-16　三种任务时颈部弯曲和视距关系

放书本方式进行阅读，因此视距与书写状态近似。书写任务时颈部弯曲数值较大且视距较小，近距离用眼程度相对较高。

（三）振幅概率分析

视距振幅概率分布范围（*APDF*）见表 5-6 和图 5-11。另外，实验中书写和使用平板电脑任务中的视距随时间延长呈现明显下降趋势，说明近距离用眼逐步加剧，如图 5-17 所示。

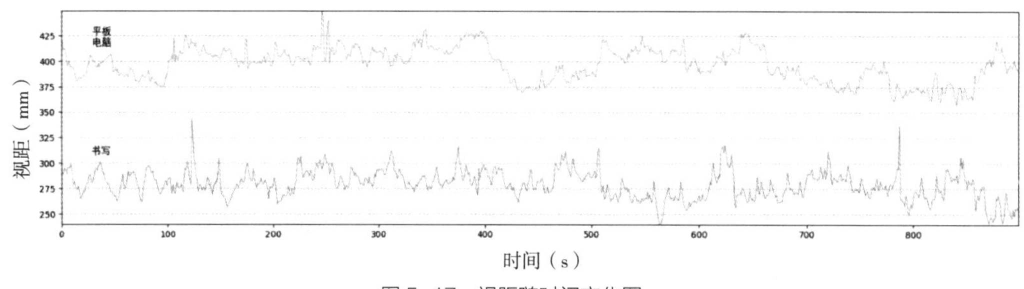

图 5-17　视距随时间变化图

六、小结

本节主要对坐姿适应性实验数据结果进行研究，系统对比分析了 3 个实验任务时的 5 项测试数据，分析其中的动态变化规律。本次实验分别对每项数据的均值、标准差和方差、振幅概率分布值、超过健康阈值的时间占比等进行对比。

数据结果显示，颈部弯曲和视距受3种任务影响显著。书写任务时的颈部弯曲在3项任务同类值中最大，视距在同类别中最小，振幅概率变化相对明显，说明颈部是书写任务中变化最大的身体部位。此外，颈部弯曲还随坐姿时间的延长有增长趋势，这一特点将直接影响身体的健康。阅读任务和书写任务中的颈部弯曲超过20°的时间占比近似，视距近似，说明这两类任务时头部动作相似，近距离用眼程度近似，阅读任务中的躯干大腿角大于其他两项任务时的该值，说明阅读任务时身体比较放松。在平板电脑任务中，颈部弯曲数值小于其他两项任务中的该数值，视距相对更大，振幅频率值变得突出，说明躯干是使用平板电脑任务中变化最大的身体部位。这些数据的获取，可以更好地为动态适应中的桌椅调控策略提供数据支持。

第四节　动态适应中的桌椅调控设计策略

一、同化适应下的预设调节

在本书第二章中曾对桌椅的人机适应进行过阐释，这种人机适应过程包含同化与顺应两种状态，并且是两种状态动态交替平衡的过程。

实验中预先根据每个测试人员特征对桌椅的高度和倾角进行调节，实现与目标对象初始状态的适应，这种适应便是同化适应。桌椅的基本属性与学生使用者的身体等各类特征实现匹配，这样学生就可以直接将桌椅作为自身的行为构成因素，纳入自己动作的组织结构中，自然地实现行为的过程。

正如实验所进行的预设，若要构建桌椅的动态适应，可以根据目标用户的实际身体特征，对桌椅进行预设置，这种设置可以采用机械式调节、电动式调节、智能感应式调节等多种方式来实现。常规的机械式多需要人为手动调节；而电子式调节，可以选择与使用者数据相匹配的预制选项，采用电子控制方式进行调节；在智能环境中的桌椅，则可以使用智能感应设备获取用户特征，并依据实时数据进行智能动态调节。上述这些调节方式主要针对桌椅的初次使用，或者是常规使用的初始状态，帮助使用者快速进入与桌椅的人机适应状态。

二、顺应适应下的动态调节

上述这种初始状态的适应并非一直不变，因为在学生使用桌椅的过程中，会不断更换学习任务，改变具体动作的内容及频率等，同时伴随作业时间的延续，身体还会出现疲劳等状况，这些不断发生的变化会逐渐打破初始的同化适应，使得平衡状态变得不再平衡，为了寻求再次平衡的出现，人与桌椅就需要进行改变，主动变化与被动变化交替出现，以共同构成一个动态的人机适应系统。

学生在感觉疲劳的时候通常会通过不断地调整身体来缓解不适，这些都是人体主动改变进入顺应适应的表现，此刻的桌椅可以提供更加符合顺应适应要求的调整，如配合智能监测技术的应用，可以实现桌椅实时获取用户坐姿数据，并运用数学方法进行不健康姿势判断。在此基础上，就能够通过语音信息提醒功能或者使用微控制器开发的机构改变桌椅高低等状态，以缓解桌椅使用者较大的颈部弯曲和躯干弯曲以及视距过近等问题。

这种动态调整不仅可以应用于学习桌椅，在其他功能型桌椅中同样适用。例如，久坐办公行为发生时，办公桌会智能引导人们在站姿操作和坐姿操作中实现切换，有效调整坐姿，缓解久坐可能对身体造成的伤害；餐厅桌椅同样可以引入动态调节功能，实现就餐模式和餐后社交模式的智能化切换。这些不同的使用模式，对应桌椅的不同的高度、角度以及是否提供更多的附加功能，为使用者提供更舒适的服务，这些动态性的调节都是顺应适应的表现，引导人们改变状态，以多方的共同调整重新实现人、桌椅、环境等多方的平衡适应状态。

三、任务特征下的应变调节

学习、办公等不同的任务与目的都会对坐姿产生影响，有些影响差异明显。例如，在本次实验中，数据分析发现，在阅读与使用平板电脑任务中动作比较近似，但是视距相差较大，其原因主要是放置书籍方式不同所带来的差异。因此，桌子可以通过合理的功能设置来引导学习采用立式阅读方式，具体的倾斜角度可以参照 Zacharkow 等人提出 45° 放置书本进行阅读的建议。立式阅读方式可以改善颈部弯曲和近距离用眼，而学习桌则可以通过设计相应置书设施，或者整体加大桌面倾角来实现适应，这种桌椅的应变调控以及与使用者之间的实时交互将更好地实现持续健康的人机适应过程。

这种任务特征下的应变调节，需要首先了解具体任务与坐姿的关系及影响的范围，建立相应的数据库，同时有能够识别使用者任务变化的方式，并进行智能化分析，与已有数据库进行比对，可以准确进行判别，以便给予使用者及时的应变调节反馈。这种基于任务的应变调节，将引导人们在同化适应和顺应适应中实现连续动态平衡的切换。

四、小结

本节主要在前期动态坐姿实验数据分析的基础上，针对 3 种适应状态，同化适应、顺应适应，以及使用桌椅过程中因为任务的切换带来的改变性适应，提出对应的桌椅调控设计策略。由于桌椅的人机适应性过程，是人、桌椅、环境等相互作用的过程，其间是持续的适应性发展与变化，对于桌椅设计而言，需要根据不同阶段的表现特征总结经验为桌椅的设计提供更有效的改进意见。

本章结语

本章主要以学习桌椅为例，通过实时动态坐姿分析实现对桌椅人机适应性的实验探索。学生使用学习桌椅的坐姿行为是一个同化适应与顺应适应交替的过程。这个过程一直在动态变化中，并且人与桌椅的变化的主动权也在不断更换，桌椅适应使用者的体态特征，同时会根据获取的数据判断引导使用者调整自身状态去适应桌椅的改变。这个过程可以借用 Kinect 运动捕捉设备与 OpenPose 二维姿势检测的开源实时系统相结合，精准捕捉学生动态学习坐姿中的身体关键指标，帮助判断坐姿与桌椅的适应情况，为同化适应向顺应适应的转化提供有效的数据和更健康的引导策略。

Kinect V2 与 OpenPose 在实践中的应用，也是技术不断介入家具研究创新的一种表现，所获取的这些坐姿实时数据将用来计算与分析家具使用者身体关键角度，同时结合大量医学、生理学、人机工学等领域专家前期积累的研究成果，对坐姿行为进行准确判断，以期构建桌椅人机适应系统，有效降低肌肉骨骼疾病（MSD）风险。

第六章

智能技术及智能环境与桌椅的高级人机适应性设计

第一节 智能家具与智能功能的基础理论

技术对于桌椅人机适应的影响是具体而且直接的，因为技术的每一次飞跃与创新推动着人类社会经济文化的综合发展。各个领域对技术的不同利用方式会产生不同的变革效果，因此技术本身对于物质条件的影响更直接，如材料、制作工艺、成形技术等变革，可以完全颠覆人们对以往产品的认知。而电子计算机技术、现代信息技术、智能技术等的相继出现与快速发展，更是在提升生产效率的同时，悄然改变着人们的生活方式与行为习惯。用户与桌椅产品本身都因技术环境的变化而发生着改变，但以用户为中心，更人性化，是桌椅人机适应系统不变的目标。

一、智能的含义及与家具融合的可行性

智能，具有智慧与能力的意义，代表着思维认知与行为活动的过程。人类的智能极为复杂，从一元论到多元论，许多学者从不同的角度进行探讨。早在1905年，法国心理学家阿尔弗雷德·比奈（Alfred Binet）与特奥多尔·西蒙（Théodore Simon）合作发明了智力测验，开启了智能一元论论点。1983年美国学者霍华德·加德纳（Howard Gardner）从心理学角度提出多元智能理论，并在其后十多年中不断对该理论给予拓展。多元智能的范畴涵盖了语言、数理逻辑、空间、身体运动、音乐、人际、自我认知、存在等。人类所展现出的这些智能具有相对的独立性，但通常情况下，人们会使用多种智能组合来解决实际中的问题。各领域学者在不间断地研究人类智能，同时在不断尝试模拟人类的智能特性。

1956年出现最早的“人工智能”概念，其中“智能体”定义为“能够感知环境并采取行动使成功机会最大化的系统”。人工智能旨在模拟与再现人类的思维过程与行为。因此，自主学习与内省成为智能功能的重要特性之一，它可以利用探测技术获取用户行为，学习分析并对用户行为进行预测，而后产生相应的反馈行动。国内学者顾振宇在《交互设计原理与方法》一书中，指出人工智能可以使“机器像人类一样对外部世界进行感知与思考，并做出反应，人工智能是对人的意识、思维的信息过程的模拟”。这种复杂的智能功能，涉及人类的感知与认知、机器学习领域的数据分析与推理，计算机专家系统等，涵盖了心理学、语言学、计算机科学等众多学科领域。而当“智能”功能融入具体类别的产品时，还被要求展现相应领域的特征。正是这种复杂性、交叉性使智能产品拥有了人类般的“智慧”，而使用者则根据自身对产品的预测以及交互中的体验感受来评测其智能的程度。

二、智能家具内涵与外延

赋予了智能定义的家具，即智能家具，并非传统意义中使用了机械传动与电子控制的机电一体化家具，而是应用了智能技术的一类产品，相对于传统物理属性的家具，智能家具更加强调所提供的诸如语音识别、动作识别等即时工具，并可以通过互联网应用程序界面（API）进行访问。这类使用了智能技术的家具，在提供人们基础坐、卧、躺或支撑与存储物品时，还会利用各种形式的输入设备和控制组件来延展使用者的操控能力，增强产品的自然人机交互特性。使用者可以通过语言、肢体手势、面部表情等与家具实现自然交流，这种交互更简单，更符合人们的心理模型。而家具产品自身利用从外部获取的大量使用者行为数据，进行分析判断，以实现自我适应。智能家具在信息可视化、自然人机交互、细节体验等方面的突破，为使用者搭建起一个全新的健康、高效、安全可靠的服务平台系统。

人们在日常生活中，有大量的行为如坐卧休息、饮食、学习工作等活动都伴随家具发生，传统家具提供的是基础性的使用功能，安全与舒适是家具检测的主要内容。在智能环境下，家具的意义不再停留于一个孤立的普通产品，它们将是整个智能居住系统中的重要组成部分，是一个能够与人进行交互的节点，并在技术的支持下，不断改变自身状态来适应人的需求，正因如此，其功能特征比传统家具更加复杂交叉。这一类智能家具将与其他产品、环境等保持动态链接，实时的动态反馈使它们更近似于机器人，能够主动适应人的行为与状态，能够实时与使用者形成交互，这已超越了人们长久以来对家具的定义。由于各类数字技术的融入，智能家具展现出的以用户为中心的实时适应，可以让人在更自然的状态下使用，甚至达到一种无意识的使用状态，此时的家具与环境、人共同构建了一个动态协调的系统。

三、智能功能实现形式

（一）隐性的行为分析

智能技术可以通过对桌椅使用者在工作、学习、休闲等场景下的行为，进行数据收集、处理和分析，从而探究使用者在桌椅人机适应过程中所表现出来的行为特征和规律。

1. 动作行为分析

通过多种类传感器结合、辅助摄像头等设备记录使用者在桌椅使用过程中的各种动作，如坐姿、起立、走动等，分析其行为习惯、姿态、活动频率等特征，评估使用者的姿态是否符合人机适应性特征，及时发现并对不良姿态及使用习惯可能带来的身体危害进行提示。

2. 空间行为分析

通过定位、传感器等技术，记录使用者在空间中的位置、移动轨迹等内容，分析其行为活动路径、行为变化规律，识别出不同行为模式、场景等信息，分析判断行为与空间场景之间的关系，为优化智能桌椅的人机适应交互提供数据支撑。

3. 交互行为分析

通过记录使用者与智能桌椅之间的交互行为，如使用手势、语音、触控等方式进行控制、调节等操作，分析其操作习惯、反应速度等特征，为评估适应交互成效及优化智能桌椅的交互体验提供依据。

4. 知识行为分析

通过记录使用者在学习、工作等场景下的信息检索、知识获取、任务完成等行为，分析其学习效率、工作效率、认知水平等特征，为智能桌椅的个性化服务提供依据。

5. 健康行为分析

通过使用生物传感器和医疗设备，监测用户的健康数据，例如，餐桌椅可以监测就餐时间、饮食规律等，医疗场景下的桌椅可以监测心率和呼吸等，以便检测心脏健康和呼吸问题，为智能化交互提供数据支持。

（二）显性的多模态适应交互

桌椅类家具智能功能的外显主要体现在与使用者的适时交互，这种交互基于对用户及环境的主动数据分析，并根据所获得的实时数据调整自身状态以实现对用户行为的及时反馈。数据的采集与计算分析是智能功能得以实现的前提，而具体的功能实现过程则分为主动适应与被动适应两大类。

桌椅的被动适应最常见，这种被动是相对于使用者而言，是桌椅接受命令完成功能的体现，使用者可以通过声音、手势等肢体语言让家具按照自己的意图提供相应的功能。此时，所展现的智能功能通常是比较基础的初级功能。而另外一类则是桌椅占据主动支配地位，引导使用者调整自身状态适应桌椅的某些功能以达到保持身心健康或者提高行为效率等目的。这种主动介入使用者坐姿行为的形式，所提供的智能功能更加复杂且高级，智能交互特征更加明显。例如，通过传感器捕捉用户传递的触觉信息来识别用户的情绪与状态，通过动作分析识别用户任务的切换，同时产生适应性调整，这些不同类别智能功能的实现始终围绕用户实际发展中的需求而展开。

四、小结

随着智慧城市、智能家居、智能办公等各类智慧型环境的建立，人们使用的各类产品持续更新迭代，智能技术与家具的结合发展不断增强。本节主要分析智能技术与家具结合的发展趋势，阐述了智能家具的概念，探讨智能功能在桌椅类家具中的实现形式。

第二节 智能教育环境与桌椅人机适应性设计

一、全球教育教学模式的整体发展趋势

（一）智能技术与教育深度融合的发展方向

社会、经济、文化、技术都在促进着教育事业的发展。教育的模式、内容、强度、辅助的技术设备、评估检查的方法等在不断更新变化，随之变化的还有学生的学习行为、学习任务、学习时长等，这些改变对于人与桌椅的交互行为与交互过程产生着直接且显著的影响。社会发展进程中不同阶段的教育环境是一个不能忽视的重要因素，需要结合实际情况进行分析。

智慧教育、智慧校园、智慧教室正在世界范围内快速普及。许多国家政府制定了专项计划，扶持本地区的数字化教育发展。我国教育领域未来发展方向：普及数字教育大资源、覆盖网络学习空间、建设数字校园，用数字化技术打造新型教育形态，引导全新学习方式，以实现智能化、个性化的新时期持续发展目标。国务院印发《新一代人工智能发展规划》，明确利用智能技术加快推动人才培养模式、教学方法改革，教育部出台《高等学校人工智能创新行动计划》，国家各级部委相继颁布一系列发展规划，加速智能教育环境的建设以及人工智能技术与教育的深度融合。

针对义务教育，中国教育科学研究院启动并持续更新“中国未来学校创新计划”，提出包括智能化互动教学课堂、沉浸式 MR 智慧教室、VR/AR 交互式混合现实桌面、协作式互动电子课桌等未来智能学习环境建设内容。智慧环境下的教育模式将发生重大改变，由传统的被动模式转向主动模式，教学内容、教学方式、教学工具、教学时间、教学场地与教学管理过程都将发生改变，见表 6-1。

教育模式对比 表 6-1

	内容	方式	时间	地点	工具	管理
传统教育	读、写、算（3R）静态素能培养，统一通用技能	教师讲授	固定的学校时间	学校教室	教材	人工分析统计
智能教育	更广泛创新能力、品格，动态人才的塑造因人而异（定制化、个性化）	协同学习方式、经验学习方式、交流学习方式、实景体验学习方式	自我主导的时间，随时	家庭、旅途、社区等	电子书籍、公共教育设施、多样化学习材料	大数据动态跟踪分析

（二）VR 等全新交互教学形式的介入

在理论与实践相结合的教学中，数字化教学工具创造沉浸式的学习环境，可以帮助学生更好地理解不同学科领域的知识，掌握应用技能。当虚拟现实等技术创造的模拟真实世界的环境与日常教学活动有机结合时，将有效提升学生的感知力与参与度，提升思辨能力。这种虚拟现实场景中的沉浸感不仅可以丰富学生的感官认知，引导观者的注意力，所提供的背景还可以引出先前获得的知识、空间信息和感知记忆。VR 交互教学形式下每个知识点都可以拥有多模式环境特征，这样将有效帮助学生存储相关信息。当学生回忆记忆中的某个场景时，就可以记忆起所有这些学习内容。数字技术带来的新型交互教学形式将颠覆传统的教学过程，学生的认知行为及体验也将不同以往。

实景体验式教学方式已开始在国外学校兴起，教育领域的专家认为实景学习能够帮助教学活动更好地开展，使学生更快地融入可以获得终身学习技能的学习环境。此外，以学生为主导的数字化素养等训练活动，将采用不同以往的教学方式，新型的教学方式将更加注重交互过程，学生主动查阅资料、大量交流，更多地参与实践，以及大量计算语言的应用，学生将更加普遍地使用数字化设备实现自己的学习目标。随着大量如虚拟现实 VR、增强现实 AR、混合现实 MR、人工智能等最新技术被采用，教学形式将更加多样化。目前，我国部分城市的学校正在逐步开始 VR 教学环境的建设，从小学到大学都在加大建设力度，如图 6-1 所示。

图 6-1　VR 教学在部分地区的学校中应用

（三）新教育环境下的学习内容及课堂交流形式的转变

新时期教学内容因社会、环境等综合因素的影响而不断调整与变化，科学、技术、工程、艺术、数学（STEAM）等综合类课程与项目开始受到越来越多的关注，各国都十分重视相关课程的建设。这类课程本身涉及多学科和跨学科的知识内容，因此学生所面临的学习环境也不同于传统教学中相对独立的科目及课程。一个 STEAM 项目有可能同时涉及多门看似关联性不大的课程，综合性极强。这就要求学生在整个学习过程中能够应用更广的交叉知识和技能并开展广泛交流，此时学生要面对的不仅仅是教师或辅助教学的人员，还有更多的同学与伙伴以及能够获取学习信息的媒介。

以笔者通过参加 CFSC 中国未来学校大会，实地走访的重庆新村实验小学为例，该小学作为全国小学教育改革优秀典范，展现了各类改革成果优异的课程内容。学生将带着问题主动学习，不断试错与再次尝试，同时在技术的帮助下用新方式表达所学习的知识，并对不断积累的学习成果进行展示。除了 STEAM 课程，还有大量基于挑战的学习、基于项目的学习等，有了“互联网 + 教育”模式的支持，学生交流过程可以借助网络，实现时间空间的无障碍衔接，如图 6–2 所示。

图 6-2　重庆新村实验小学部分课程展示

大的教育环境的不断发展，促使学生学习行为不断发生变化，如图 6–3 所示。这一改变在教育的各个阶段都有所体现，智能教育改变着学生的学习过程，同时学生使用的学习空间和家具也在随之改变。这种改变不只局限于学校的公共学习空间，家庭学习环境由于需要与其他学习环境相衔接，同样需要不断调整改变，而家用学习桌椅则有着更大的拓展优化空间。

二、自主学习环境需要适宜的监护与引导

由于教育发展趋势下 STEAM 等新型教学内容力度的加大，并鼓励学生拓展所学知识的深度，学生不仅需要在学校课堂完成知识的学习，还需要在课外随时补充更广泛的交叉应用型知识，家庭环境需与智能校园保持紧密联系，而家用学习桌椅将成为这种联系媒介中的一种。通常学生学习过程中需要有人给予适宜的监护与引导，以及学习效果的测量与评估，以帮助他们更好地完成整个学习行为。在这种需求下，实时监

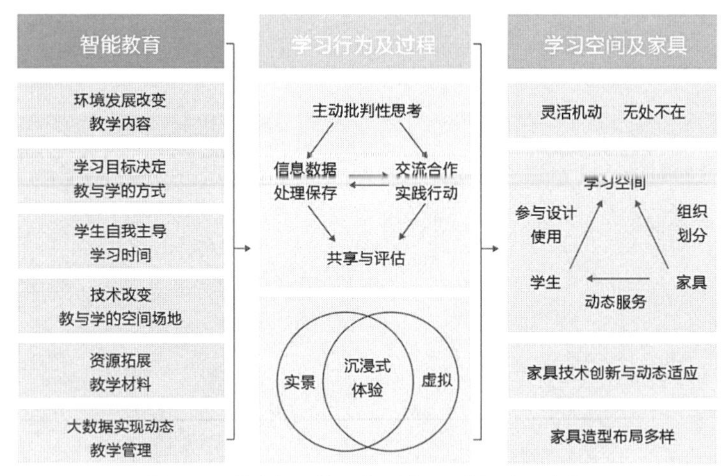

图 6-3 教育新环境下学习过程及空间家具变化

控交互技术与设备大量出现，如图 6-4 所示。而家庭环境同样需要适宜的监护和引导。虽然这种家庭教育环境与条件的更新，因为经济等综合因素，是一个较为漫长的改变过程，但这是一种有益的发展趋势。

图 6-4 智能监控交互设备——课堂中使用的监护数字分析设备

此外，数字技能的培养，使得我国学生课业中的一些任务开始需要使用网络教学资源，并且出现了多人协同合作的需求。学生接触电脑等网络设备的趋势朝低龄化发展，这也使得学习行为及认知过程比传统中简单听说读写过程更复杂。因此，在家庭环境中，各种学习所需的配套产品都需要保持与学校同步的变化，以满足学生学习行为及认知的需要。例如国内一些品牌的学习桌椅正在开发更多形式的线上教育资源APP，为家具本身拓展更多符合教育环境发展的新功能，这种创新也在不断突破传统家具的定义，将家具转变成为一种功能更强大的服务交互系统。这些辅助教学设备或程序与桌椅产品的结合已成为智能教学环境发展的一种趋势，确保家庭环境与学校环境同步化。

三、学习桌椅的智能交互特征趋势凸显

拓展功能后的新型学习桌椅将成为智能教育系统中的一个节点，能够为学生提供更精准的动态交互服务，可以涵盖监护管理、信息、评测等多方位需求。

首先，基于桌椅的基本属性特征，健康管理将是一项重要的新型动态交互服务功能。各类传感技术的发展，可以实现实时准确地识别与跟踪，并进行数据的采集，人工智能还可以完成分析与判断。因此，合理地利用新技术，使用内置的传感装置能够实时获取小学生坐姿行为以及该行为持续的时间，对不良坐姿给予及时提醒，有效改善久坐带来的健康问题。

其次，面对各个阶段学生日常数字化学习工具的使用，如笔记本电脑、平板电脑、智能手机等电子设备，需要给予及时的健康使用姿势的引导。而学习桌与计算机等数字设备的相融合也成为一种趋势，类似功能的电子桌开始面世，ActivTable 互动电子桌就是其中的一种类型，如图 6–5 所示。此类桌子具有强大的信息交互入口，学生可以通过学习桌随时获知所需的数字化动态教学信息，多人交互的界面也可以完成协同交流过程。此外，全面应用 IoT 技术的学习桌椅，还可以实时获取学生围绕桌椅的学习行为，提供动态监测与管理服务。这种管理将打破学校、家庭或者是其他物理学习环境的界限，随时对学生的状态进行识别，分析后给出行为引导，帮助学生完成学习行为过程中的自我调控。

图 6-5　ActivTable 互动电子桌

除了上述这些动态交互服务外，周围环境调控的部分功能同样可以集成在新型桌椅上，桌椅使用者容易受到周围环境的影响。因此，桌椅提供的动态服务还可以包含桌椅表面温湿度的自动控制、桌子周围辅助灯光的自动调控等，尽可能为不同使用者提供动态适应性的服务，以降低因人工操作带来的复杂性和延迟性。更好地提供人性化的智能服务，是智能家居发展的重要组成部分。

四、学习桌椅将体现动态数字化人机适应

由于智能教育环境下学习行为的改变，配套使用的学习桌椅将更加强调与学生身心的动态适应，这个适应过程会依据实时用户数据进行计算分析，以实现动态中的人与桌椅之间的持续平衡。这种数字化的适应包含桌椅与人体尺寸的适应、与作业任务要求下姿态的动态适应等多个方面。

首先，同龄学生身体特征差异明显存在，尤其在未成年阶段，Carneiro 在 2017 年的研究中指出：同龄小学生的身高最大差异可达 200mm，而桌椅实际使用状态的高度角度应与目标使用者进行适配，以达到最佳人机状态。但是在大多数公共学习空间中往往忽视了这一差异，尤其是学校等环境中，在同一年级中通常使用统一规格的桌椅家具，造成学生实际人体测量特征与其所使用的家具不匹配的状况。而在智能环境中，大量新型智能技术的介入，可以实时捕捉学生个体及所在环境等综合信息，通过大数据分析做出桌椅动态适配的方案。这种数字化的人机适应可以有效避免长期不变尺度的家具与学生不断成长变化的个体尺寸特征的不适应，减小这类不适应带来的身体疼痛等疾病。

其次，桌椅的智能识别能够对学生不同的作业任务给予动态的适应性调整。由于智能教育环境下学习内容和交流方式的改变，学生学习过程中姿势持续变化，而数字化的人机适应将实现桌椅的及时动态调整。学生也可以通过各种交互方式实现对桌椅的调控，例如通过语音或者手势调控桌椅高度以配合站姿或坐姿去完成相应的学习任务，或者转换到书写、绘画、使用电子设备等不同任务所需的桌椅最佳高度及倾斜度。

五、学习桌椅形式将多样化发展

智能教育环境的改变带来了学习桌椅形式的变化，尤其是在学校的教育环境中，这一变化趋势更明显，这一环境的变化将改变传统以教师和讲台为中心的形式。国外及国内一些学校开始进行课堂布局的创新，桌椅造型及放置根据课程内容形式而调整。课堂教学所使用的桌椅将从传统小方桌纵横规则排列方式，改变为以单组桌椅为中心的布局，这也体现出以学生为中心的教学模式的转变。新南威尔士州 Barker 学校教室中，围绕每组桌椅形成了一个中心，不同的学生采用不同的交流学习方式，完成相应的学习任务，如图 6-6 所示。此时桌椅的造型也有了更多的突破，打破一贯的规则形态，更加多样化，如图 6-7 所示。

同时，由于校园、家庭及校外教育机构等环境联系性加强，家具可以拥有物联网功能，成为智能教育、智能教室、智能家居的一部分。因此，各种环境中的学习桌椅造型、摆放都可以有更大的变化空间。校园环境中的桌椅因为所在场地较大，变化的

图 6-6　新南威尔士州 Barker 学校新型学习空间

图 6-7　重庆新村实验小学多样的课堂布局空间

形式更多，并且可以实现多个单体的任意组合。而家庭环境中的学习桌椅，受家庭室内空间的限制，面积尺度上调节变化范围相对较小，但由于使用对象单一，非公共环境下共用家具产品，可以在技术及硬件上进行升级，当全新技术介入时，造型同样可以出现大的改变，由传统物理性质的家具转变成为智能化的交互系统。

六、小结

本节主要分析阐述了智能教育环境的发展趋势，以及与之相适应的学习行为的变化特征，在此基础上，重点分析研究了学习桌椅在智能交互功能、动态数字化人机适应性、组合形式等方面的发展需求。智能教育环境趋势的分析，有助于把握未来 5 ~ 10 年的教育市场及学习桌椅使用者层面的变化，帮助确定新家具产品及服务研发的方向。

第三节　智能家居环境与桌椅人机适应性设计

一、智能家居环境的特征与发展趋势

（一）智能技术创造新型家居环境

智能家居是以居住空间为载体，集合物联网、云计算、人工智能等技术，建构一

个全屋智能管理系统，实现家庭安全、舒适、信息交互与通信的功能。智能家居系统主要涉及自动化控制、安防监控、能源管理、智能物联、个性化定制服务等多个方面。在智能化家居环境中，产品的智能控制与智能使用模式是一切的基础，而更重要的是智能生活场景的营造，人们将体验到与传统家居生活完全不同的生活方式，例如远程控制并管理家居设备，智能监测家居环境，自动进行照明、温度等的调节，根据个体需求提供健康医疗、影音娱乐等定制化服务。智能技术改变了家居环境的自动化程度，大幅提升了整体环境的安全性、便捷性、舒适性与用户满意度。

（二）智能家居环境与行为方式

随着人工智能技术的发展与全方位使用，家居生活将与智能技术实现更深度的融合，人们在智能家居环境中的行为方式也将随之进行适应性调整，这些行为方式的改变主要集中在以下方面：

在行为动机方面，智能家居系统设置有学习并识别用户偏好和习惯的功能。通过分析用户的行为数据和反馈信息，智能系统可以自动调节家居设备的设置，如温度、照明亮度等，以适应个人的需求。这种自动化的服务可以降低常规重复性的行为动作，以数据采集分析及智能化运行代替用户的部分行为。

在行为发生过程中，交互方式发生改变，传统的物理交互方式将逐渐转变为数字化和智能化的交互方式。人们可以通过语音指令、手势动作、面部识别、触摸、手机应用等与智能家居设备进行交互，取代了传统的物理开关和按钮操作。人们的操作行为变得更加便捷，降低了操作的难度及认知思考过程所需的时间。此外，在信息获取与处理方面，智能家居系统设置有强大的智能助手、智能音箱等设备，为用户提供了多样化的信息获取渠道。人们可以通过语音查询所需信息，无须手动搜索或浏览，有效降低获取信息的难度，缩短查询时间。同时，智能系统可以根据个人喜好和日常使用习惯提供个性化的信息推荐，丰富人们获取和处理信息的方式。

智能家居为使用者带来的是安全、舒适和便捷，但与此同时，由于各类智能功能的融入，对于家居环境中用户的认知及行为也提出了新的知识和技能层面的要求，用户需要了解智能家居设备的基本操作方式和功能，并学会相关的软件操作。这种需求也促使人们要适度提升自己的数字素养和技能水平，以适应智能家居环境的发展趋势。

（三）智能家居发展趋势

智能家居环境通过大数据、云计算、人工智能等技术，学习分析用户的行为与习惯，适应性地主动调整功能设置，同时为人们提供信息咨询、健康行为等多方位的推荐与引导，与用户共同构建一个适应性的空间。人也逐步成为智能家居空间的组成部分，人的能力在空间中得到延伸，多模态的交互方式将更加普及，人们可以选择更具适应性的方式操控家居环境中各类设备，而这些设备也将更加“智慧”地与人进行信息交互，对人的行为给予及时的反馈，丰富并提升用户的整体家居体验。

二、智能家居环境中桌椅特征及发展趋势

（一）智能化和自动化

智能桌椅可以通过传感器、大数据分析、物联网等技术，实现自动调节、智能控制和远程操作等功能。例如，通过智能环境及桌椅自身采集到的用户信息及数据，对用户需要及状态进行判断，根据健康坐姿形态和久坐时间阈值，自动调整桌椅高度和角度，切换使用模式，实现自动化操控，以及及时的健康提示与引导。

（二）多功能和可定制化

智能家居环境中的家具设计趋向于多功能和可定制化。桌椅不仅具备基本的支撑、承载等功能，还融合了更多附加服务功能，如智能调节、无线充电、嵌入式显示屏等。同时，桌椅也可以根据用户的需求和喜好进行个性化定制，满足不同用户的特殊需求。

（三）多模态人机交互

智能家居环境中的家具更加注重多模态人机交互体验。例如桌椅的调节可以通过触摸屏、语音和手势等多种交互方式实现，同时结合家居环境中的智能监测设备，分析用户使用行为，并进行实时判断，既可以根据用户的指令和需求进行智能控制，也可以根据智能监测和数据分析提前做出适应性调整，以引导用户执行健康行为。多模态的交互过程，智能化的控制和管理，将全面提升用户的使用便捷性和体验感。

（四）基于数据的个性化服务

智能家居环境中的桌椅可以通过嵌入式传感器和数据分析技术，收集和分析使用者的习惯、喜好和健康状况等数据信息，针对性地为用户提供个性化的服务和建议。例如，智能椅可以根据压力传感器记录用户久坐的时间，及时提醒用户进行适时的休息和运动以减少肌肉骨骼等方面的疾病风险；智能餐桌可以根据环境监测数据分析判断用户的饮食偏好，并结合健康信息提供营养建议和食谱推荐等。

三、智能家居环境中的桌椅人机适应性需求变化

首先，智能家居环境中的桌椅将具有更多元化的功能，桌椅将集成相关产品的属性特征，与使用者、环境共同形成一个更高级的交互系统。不断更新迭代的智能技术可以让桌椅主动适应匹配用户的生理、心理、行为等多方面动态需求。桌椅的基础适应性更加易于实现，有效降低使用者的操作难度。

其次，智能环境中的监测设备可以准确获取用户的行为偏好、动作习惯，这些数据可以通过设备间的互联互通，实现数据信息共享，帮助桌椅及时分析判断使用者的

状态，结合具体使用需求，如居家学习、办公、餐饮等，提供针对性的适应性建议和引导，这里涉及健康、休闲、娱乐等内容，数据分析过程也将更复杂。桌椅的人机适应性系统将全面、准确、及时地引导使用者调整自身行为，与桌椅共同建立一种阶段性的稳定平衡的适应状态。这种智能技术介入后的适应更加高级并且将随着技术发展不断迭代优化。

智能家居环境中的高级人机适应将有效解决现有家居环境中桌椅存在的使用问题。以常见的家用学习桌椅为例，每个家庭中使用的数字化设备和学习桌椅各不相同，如图 6-8 所示，台式电脑、笔记本电脑屏幕相对较大，与使用者的距离和角度比较固定，占用桌面空间较多，当学生还要配合书写任务时，桌面就会显得比较拥挤，手臂活动范围会受到一定的限制，有时会出现只有前臂手腕部分获得有效支撑的情况，加大手臂疲劳的概率，在一定程度上影响学习效率。

平板电脑和手机便携性相对更好，使用角度调节更自由，可以水平放置、倾斜方式、竖立放置，占用桌面空间很少，比较易于配合书写等其他任务同时进行。缺点是屏幕尺寸相对较小。尤其是学生使用普通手机获取学习信息时，如视频展示信息量较多，则可能出现文字过小的情况。这样长时间使用加大用眼疲劳，不利于学生视力的保护。

使用有线电视方式接受教育信息，其优点是不会受到网络速度的限制，播放会十分流畅，屏幕较大，但由于我国大多数家庭中的电视放置在客厅等位置，无法结合学习桌椅使用，也就无法保证学生在学习全过程中坚持健康的坐姿，并同时完成书写等其他学习任务。此外，有线电视的教学方式所具有的互动程度十分有限，会降低预期的教育效果。

投影设备在所有家用设备中的显示效果最接近校园课堂，显示屏幕足够大，能够有效控制与使用者的视距，但对家庭环境中场地、光线等有一定的要求。如果投影方向与桌椅放置方向不一致，学生在观看过程中，坐姿可能出现歪斜，或者频繁扭动身体的情况。遇到需要与观看同时进行的学习任务，则需要结合电脑等其他电子设备，否则颈部的大角度变化将严重影响身体健康。

对于上述家庭环境中各式各样的学习过程，需要家长更多的关注与监管，严格控制用眼距离，并设置有效的休息调整时间，对于不健康的使用方式或者坐姿行为能够及时给予纠正和提醒，此时如果身处智能家居环境中，上述的种种问题将得到更智能化解决。定制化的桌椅既可以实现基础的动态适应，又可以通过物联网、云计算、智能技术等，及时判断用户使用何种学习设备，针对性地为使用者提供有效的行为管理与健康引导，在保证健康的前提下，提升学习效率，降低家长的工作量和操作难度。

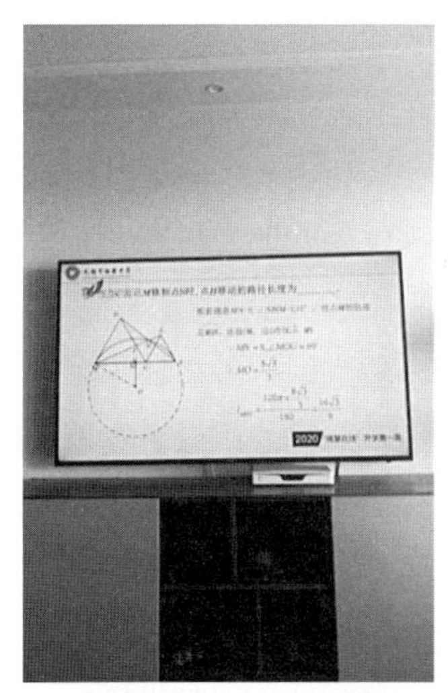

图 6-8　家庭环境学习状态

四、小结

本节首先从智能技术融合特征、使用者行为变化等方面分析了智能家居环境的发展趋势，而后从智能化和自动化、多功能和可定制化、多模态人机交互、基于数据的个性化服务 4 个方面探讨了智能家居环境中的桌椅变化特征，并结合家用学习桌椅，分析了智能家居环境中桌椅人机适应性的需求转变及利用智能技术解决问题的途径。

第四节　智能办公环境与桌椅人机适应性设计

一、未来办公环境中智能技术的全面应用

办公环境中的智能技术将围绕办公人员具体的工作任务、行为方式、功能需求，

建立一套精准的数据获取、数据计算分析、信息反馈的交互系统。各类智能传感器以及深度学习和计算机视觉技术的使用，可以实现对环境中办公行为的高效判断与识别，并将所获取的实时数据传递给环境中的家具及各类设备。办公桌椅内部的智能系统在获取了所需的数据后，便可以进一步采用智能调节算法，根据使用者的身体特征数据和偏好，自动调整桌椅的高度、角度和支撑位置，为使用者提供更加精准的动态服务，以减少身体疲劳和不适，提升使用满意度及办公效率。构成环境空间的各类要素和设备同样可以依据需求，提供动态化调节功能，例如灵活办公区域的动态组合、智能转换不同工作模式所需的照明度、温湿度、音影效果等。此时，语音识别、手势识别和触控等不同方式的人机交互技术，将展现出巨大的便捷性，使办公人员更加方便和直观地与各类设备进行交互，提高用户体验。

未来的办公环境将全面实现智能互联与场景协同，办公环境、办公家具设备、办公人员将形成一个综合的人机适应性系统，各类智能技术将根据数据分析实时动态调整，构建高效舒适的工作体验场景，例如，桌椅可以与智能照明系统、智能会议系统和智能办公平台相互连接，实现智能化的工作场景控制和协同工作，智能环境还可以根据数据判断员工的工作效率与身体状态，及时进入智能引导与调节工作模式，实现健康与效率的最佳平衡。

二、智能环境下的办公内容及交流形式的转变

（一）办公内容与方式的变化

智能技术不断简化办公人员的常规性操作，例如自动执行一些重复性和烦琐的文件整理、数据分析和生成报告等办公任务，从而大幅提高办公人员工作效率。与此同时，智能技术提供了更加便捷高效的协作和沟通方式，使得跨地域和跨时区的协作更易实现。办公人员可以与不同地区和时区的团队成员合作，通过视频会议、实时协作工具和虚拟现实技术进行信息共享和交流协同。技术的突破为办公人员节省了大量的时间、减小了物理时空的局限性，增强了工作的弹性与灵活性。

智能互联与数据分析可以帮助企业对大量的数据进行分析和挖掘，提供更准确全面的数据报告和决策支持。办公人员在工作过程中需要熟悉多种智能工具并综合应用，不断优化业务流程，提高企业创新力和市场竞争力。由于工作内容的差异，不同员工对智能工具的熟练程度、使用频率和使用习惯都不相同，智能环境还可以记录分析个人喜好和工作习惯，为办公人员提供个性化的工作场景及使用体验。例如办公桌椅可以根据员工的身体特征和不同工作任务时的偏好进行主动适应性调节，智能办公软件可以根据员工的偏好和使用习惯提供个性化的界面和定制功能。同时，在办公操作的过程中，智能技术还可以通过机器学习和人工智能算法不断学习和优化工作流程，分

析员工的行为动作和交互反馈数据，完成自我学习和优化调整，实现办公过程的智能化升级。

（二）功能需求变化

由于智能技术的融入，不同行业的办公效率都在提升，办公人员对智能化办公环境及设备的需求不断增强，主要功能需求集中在办公空间的灵活动态搭建、智能互联与协同工作、数据分析与信息反馈、智能调节与行为管理、个性化定制服务等方面。

技术环境的变化，加大了办公的灵活性与协作性，使得视频会议、电子展示墙等设备的使用大幅增加，办公人员经常需要与不同的合作伙伴开展协同办公，这时候就需要办公环境能够适应不同的协同工作模式，灵活地动态调整空间划分，区分工作区和活动区，根据不同区域主题，针对性调整服务设置，在不同的区域中都能智能连接环境中的各类办公设备与休闲产品，为办公人员提供随时随地及时有效的信息沟通服务。环境中人员的实时办公数据及个人使用行为特征数据都将被多种智能监测设备所获取，智能系统需要结合数据分析的结果，给予办公人员有效的信息反馈及行为建议引导。智能化的办公环境将始终围绕健康、高效、舒适，为用户创造一个适应性工作空间，使人们既可以根据外界或自身需求保持最佳的适应性状态，又可以自由地表达和分享自己的想法，实现高效的工作交流与身心健康的协调发展。

三、智能办公环境中桌椅的人机适应性发展需求

智能技术不断影响和改变着各行业的办公内容与具体办公行为，办公人员对于桌椅的功能要求也因此逐渐趋于弹性、灵活。健康、交流、协作、创新成为办公桌椅人机适应系统关注的主要方向。以办公桌椅为核心的个人办公区域的动态调整，例如能够升降移动的隔断，可以满足办公人员在工作不同阶段对于个人空间的不同要求；以智能动态调节桌椅特征来缓解和预防人们久坐办公带来的疾病，可以在一定程度上降低长时间工作与身体健康之间的矛盾；以智能化模式切换以及可供选择的休闲功能设置，为办公人员提供适时的舒缓放松环境以及休闲服务，可以减少办公压力并提升工作效率。

办公桌椅的智能化调节功能，既可以是根据使用者的指令要求做出的改变与反馈，这里的指令包括语音、手势等多种形式，也可以是通过对用户数据的采集分析，进行判断后主动为适应不同身高、体型和工作姿势的使用者所进行的改变。智能调节的内容包含桌面的高度与角度、座椅高度与倾斜角度、座椅的深度、头枕的高度、扶手的高度，靠背的高度及其与腰部支撑的位置和硬度调节等。上述两种调节方式的不同在于主动和被动层面的差异，在用户发出指令时，人是适应过程的主导方，桌椅是被动

进行适应性改变。而另外一种调节功能则是桌椅在技术及数据支持下，先于使用者的命令而发生的改变，起到行为引导作用，此时的桌椅是主动进行适应性改变，以帮助使用者保持较为理想的工作姿势，减少过大的颈部弯曲角度及躯干弯曲角度等，减少身体不适和疲劳。例如Humanscale的Freedom人体工学椅，采用自重力感应平衡装置，椅背联动头枕，使靠背和头枕可以主动配合用户的身体，对使用者的后仰等动作做出反应，可以使用户在后仰中视线依然平视显示屏，满足长时间操作电脑过程中的后仰需要。

智能办公环境中的桌椅人机适应性，是将人与家具、环境融为一体的系统，环境中的智能设备实时感知办公人员的状态，以智能技术的创新不断拓展人的能力，当人坐在办公桌椅前，桌椅便被纳入使用者的行为组成元素中，“椅随人动”“物我合一”成为未来智能桌椅发展的方向。桌椅所具有的动态承载功能将在智能技术的加持下持续创新发展，这一智能化人机适应的发展过程，不仅需要深入了解使用者的行为坐姿变化特征，例如操作电脑的同时存放文件、接听电话等坐姿变化细节，还需要充分应用人体工程学数据与运动生物力学数据，为人们在不同场景下的办公行为提供辅助与行为延展的支持。此外，Hauser等国外学者已经开始研究探索自重构模块化机器人与家具进行结合的应用，这也说明家具的概念界定与限制在智能技术的创新与发展中逐渐变得模糊，未来智能环境中的家具将更加“智慧”，满足人们差异性需求及个性化的使用体验。

四、小结

本节首先对智能办公环境中的技术发展与应用进行概述，而后从办公内容与办公方式的变化、办公过程中的功能需求变化两个方面阐述了智能技术环境对办公人员行为的影响，在此基础上，分析总结了智能办公环境中桌椅的人机适应需求特征，包括智能调节性能、舒适性设计、健康管理、人机合一的发展趋势。

本章结语

本章首先对智能家具的内涵与外延进行阐述，分析了智能技术与家具结合的发展趋势。而后分别对智能教育环境、智能家居环境、智能办公环境中新兴技术的应用及对不同使用人群行为的影响进行了分析，在此基础上总结各类智能环境中桌椅的人机适应性需求变化及发展趋势。

智能技术带给人们便捷性的同时，也潜移默化影响着人们的行为方式，人们在工作、学习、餐饮娱乐过程中的需求将更加多样化，而与之相应的家具及各类产品在设计中也将结合人的行为变化规律，提供更加智能化的服务。智能家具的发展必将不断突破传统家具在功能层面的局限性，通过智能技术、物联网、云计算等技术的应用加深对人、环境、家具之间交互关系的探索，促进家具智能化进程的同时，带给用户更丰富的使用体验。

第七章
动态人机适应性研究案例

第一节 桌高动态适应性调节实验及基础数据的获取

一、数字化学习任务对坐姿的影响

（一）平板电脑使用趋势

综合本书第二章中开展访谈与问卷研究所获得的数据和第六章中智能教学环境的变化趋势，可以发现数字化学习资源正在被越来越多不同年龄段的学生所使用，这个使用不仅仅局限于学校课堂，在校外大量的业余时间，学生同样会经常使用数字学习资源或进行数字化娱乐活动，这样长时间使用手机和电脑，加之不健康的使用坐姿行为带来了许多健康隐患。调查数据显示，2018 年我国儿童和青少年总体近视率为 53.6%，其中 6 岁儿童为 14.5%，小学生为 36%，初中生为 71.6%，高中生为 81%，因此，国家卫健委 2019 年 4 月 29 日发布了《儿童青少年近视防控健康教育核心信息》，建议使用电子产品的教学时间时长范围，以及课余时间使用电子产品每 30 ~ 40min 应休息远眺放松 10min，非学习目的使用电子产品单次不宜超过 15min，每天累计不宜超过 1h。

然而仅仅是限制性使用的引导方式并不是最佳的方法，因为智能未来发展趋势，编程等计算机教学内容开始快速在世界范围内许多国家的小学生课程中出现，与此同时，由于平板电脑携带方便、操作容易、体积小，小学生使用 iPad 等平板电脑的行为变得越来越普遍。我国部分城市小学的课程中也开始使用平板电脑，重庆新村实验小学三年级课程教学中已普及使用平板电脑，如图 7-1 所示。而在我国大中城市的普通家庭中，儿童使用平板电脑的数量正在增加，并且使用的时长随年级增长有一定差异。

图 7-1 重庆新村实验小学教学场景

（二）平板电脑使用中的坐姿特征数据分析

在本书第五章基于坐姿分析的桌椅人机适应性实验案例研究中，可以看到使用平板电脑的坐姿呈现出来的颈部弯曲均值为 17.4°，其中受试者个体颈部弯曲角度值在 20° ~ 45° 的时间为 32.7%，大于 45° 的时间为 3.3%，躯干弯曲②均值为 23.8°，具体受试者个体的躯干弯曲角度值在 20° ~ 45° 的时间为 36.4%，大于 45° 的时间为 13.9%。这也说明在使用平板电脑时，躯干弯曲超过健康阈值的情况更显著。而在持续使用过程中，颈部弯曲和躯干弯曲随时间变化的趋势比较明确，如图 7–2 所示，使用平板电脑过程中颈部弯曲均值在开始的 10min 内相对比较平稳，在 10min 后开始显著提升，当升到一定数值后开始出现回落，说明被试者感觉不适，开始进行自主调节。

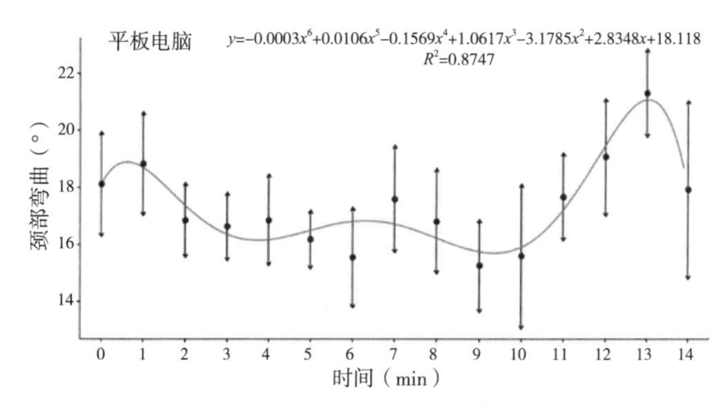

图 7–2 平板电脑任务时的颈部弯曲随时间变化规律

同时对比视距随时间变化规律，如图 7–3 所示，可以发现视距表现出来的是一个先升后降的过程，刚开始受试者处于动态使用阶段，需要完成对平板电脑的基本操作，操作过后开始静态使用，这个从动态到静态的过程就是视距增加的过程，进入比较稳定的静态使用阶段后，视距的数值随时间延长开始出现明显的下降，说明被试者在不知不觉中眼睛离屏幕越来越近，而视距逐步下降的过程在持续一定时间后，会得到缓

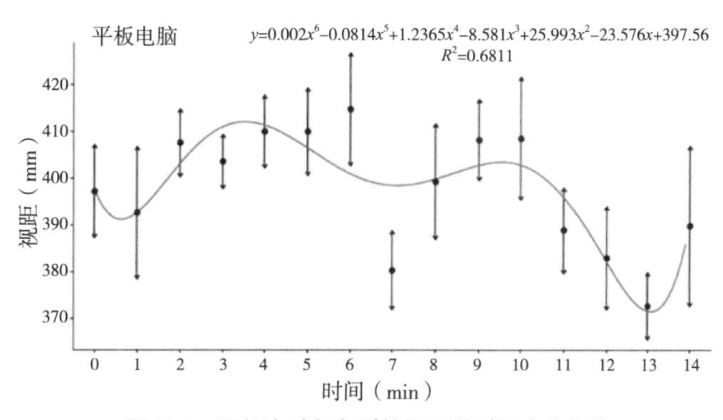

图 7–3 平板电脑任务时的视距随时间变化规律

解，即被试者会主动开始自我调整坐姿，进而改善近距离用眼情况。这个坐姿调整的过程正是人体自适应需求的一种反应。

根据第五章中身体关键角度的振幅概率分布 $APDF_{(90\text{–}10)}$ 数据，可以发现在使用平板电脑过程中，人体主要通过躯干弯曲的不断改变来调节自身坐姿以适应使用平板电脑任务的变化，这样极易导致躯干弯曲超过健康阈值。为了有效缓解躯干弯曲大于20° 和大于 45° 情况的出现，学习桌椅可以适时进行调整，改变状态以引导使用者调节自身的坐姿，实现更健康的躯干弯曲变化过程。

二、数字化学习任务情形下桌高动态适应性调节实验

（一）实验设备与实验环境

本实验中使用的设备与实验环境与第五章所进行实验完全相同。使用微软 Kinect V2 运动捕捉系统与 OpenPose 二维姿势检测开源实时系统相结合，进行人体关键节点的识别与捕捉，设备仍然放置在被试人员右侧的矢状面上，设备与被试人员之间无阻隔，间距为 1.5m。实验环境独立且保证无外在干扰。

（二）实验过程与实验对象

本实验要求被试者分别在学习桌 3 种不同的高度上进行平板电脑的操作：第一种桌高为根据每个被试者实际身体特征预调的高度（以下简称“桌高 1”），第二种桌高是在第一种桌高的基础上增加 40mm（以下简称“桌高 2”），第三种桌高是在第二种桌高的基础上再增加 40mm（以下简称“桌高 3”）。每种桌高条件下完成任务的时长为10min，与下一种桌高任务之间的间隔为 10min，被试者使用平板电脑具体操作内容是其日常学习常规内容，并且 3 次操作内容完全相同，每次操作后需要完成一份主观调查问卷。实验设备将完整记录 3 次操作过程中的身体指标变化数据。

（三）实验测试项目与主观调查问卷设置

本实验测试数据主要包括颈部弯曲、躯干弯曲①、躯干弯曲②、躯干大腿角、膝关节角和视距，具体定义与第五章中测试项目界定保持一致。主观调查问卷目的是了解在不同桌高情况下，被试者使用平板电脑过程中的主观身心感受。主要对使用过程中身体容易出现不适感觉的部位以及具体不适的程度进行调查，调查采用小学生更易理解的面部表情疼痛量表法，在被试者填写问卷前，实验测试人员还会对问卷内容及身体的部分给予再次详细的解释，避免因为理解错误带来数据偏差。

调查问卷中对身体部位的选项设定主要是依据前期访谈和使用现状调查的结果，同时借鉴了同类别桌椅使用舒适度常规调查，不适级别采用了图与文字相结合的描述形式，对于低年级的小学生来说更加清晰，在问卷设计后随机选择一至六年级小学生进行询问，确定问卷的内容均可以理解。

三、实验结果与分析

（一）不同桌高环境下颈部弯曲特征分析

在实验中，小学生的视线始终需要跟随平板电脑的显示屏，因此屏幕的高低就至关重要。实验中平板电脑采用近 70° 的倾角立式放置在桌面固定的位置，保证被试人员在正常坐姿下离电脑设备相同距离。在这样的情况下，桌高分别调整 3 次，并在其逐步升高的过程中获取被试人员颈部弯曲的具体数据，见表 7–1、表 7–2 和图 7–4。

3 种桌高下测试项目均值、标准差和方差（角度单位：°，距离单位：mm）　　表 7–1

	桌高 1		桌高 2		桌高 3		任务类型	
	均值	标准差	均值	标准差	均值	标准差	*F*	*P*
颈部弯曲	16.8°	8.1	15.2°	8.2	16.5°	11.5	0.1	0.899
躯干弯曲①	12.2°	6.9	10.9°	3.7	10.1°	6.7	0.4	0.690
躯干弯曲②	24.3°	13.8	21.9°	7.4	20.1°	13.4	0.4	0.690
躯干大腿角（左）	104.4°	14.5	108.4°	12.6	102.7°	11.1	0.6	0.542
躯干大腿角（右）	106.5°	14.7	107.7°	9.9	103.2°	12.0	0.4	0.654
膝关节角（左）	84.3°	16.9	88.3°	17.9	89.8°	10.3	0.4	0.662
膝关节角（右）	88.4°	16.5	89.0°	14.9	90.0°	11.3	0.03	0.963
视距	402.3mm	50.7	402.6mm	89.2	375.5mm	81.2	0.5	0.605

3 种高度下测试项目的振幅概率分布（$APDF_{(90-10)}$）　　表 7–2

	桌高 1		桌高 2		桌高 3		任务类型	
	均值	标准差	均值	标准差	均值	标准差	*F*	*P*
颈部弯曲	17.4	9.5	16.1	7.1	19.7	13.9	0.3	0.705
躯干弯曲①	13.2	6.4	12.9	7.1	11.6	4.8	0.2	0.799
躯干弯曲②	26.3	12.8	25.8	14.2	23.2	9.7	0.2	0.799
躯干大腿角（左）	23.9	12.4	22.7	11.2	18.5	7.2	0.9	0.435
躯干大腿角（右）	24.1	13.2	21.7	12.6	21.3	8.9	0.2	0.821
膝关节角（左）	29.7	27.3	29.0	19.2	40.1	23.1	0.8	0.440
膝关节角（右）	33.4	28.5	31.0	20.0	44.0	24.9	0.9	0.401
视距	119.3	69.2	103.2	48.4	87.0	27.2	1.2	0.317

实验结果显示，颈部弯曲的均值：桌高 1 ＞桌高 3 ＞桌高 2。颈部弯曲的振幅概率分布范围 $APDF_{(90-10)}$ 数值：桌高 3 ＞桌高 1 ＞桌高 2。说明在桌高 2 情形下，被试者颈部弯曲的均值相对最小，振幅概率分布范围 $APDF_{(90-10)}$ 数值相对最小，坐姿相对更健康，颈部变化的调整幅度比较适宜。桌高 3 情形下的颈部弯曲振幅概率分布范围

$APDF_{(90-10)}$数值最大，说明在该高度下，被试人员会出现大幅度改变颈部弯曲的情况，也说明在这一桌高下进行平板电脑的操作，被试者需要更大幅度的颈部调整活动来适应整个学习行为。

3 种桌高情形下，颈部弯曲超过健康阈值的时间占比，见表 7–3，可以看出在桌高 1 情形下，颈部弯曲达到 20° ~ 45° 的时间明显高于桌高 2 和桌高 3 情形下该数值，而颈部弯曲超过 45° 的时间在 3 种高度里面居中。桌高 2 情形下的颈部弯曲达到 20° ~ 45° 的时间占比在 3 种高度中排中间，而超过 45° 的时间在 3 种高度里面最小。桌高 3 情形下的颈部弯曲达到 20° ~ 45° 的时间在 3 种高度里面最小，但超过 45° 的时间却是 3 种高度中最多的。

3 种桌高情形下颈部弯曲和躯干弯曲超过健康阈值的时间占比　表 7–3

	桌高 1		桌高 2		桌高 3	
	20° ~ 45°	> 45°	20° ~ 45°	> 45°	20° ~ 45°	> 45°
颈部弯曲	32.2%	2.9%	27.3%	0.7%	26.1%	3.4%
躯干弯曲①	22.0%	0.2%	10.0%	0.0%	17.0%	0.0%
躯干弯曲②	36.0%	15.9%	47.5%	6.7%	25.5%	11.2%

（二）不同桌高情形下躯干弯曲特征分析

在第五章对比任务类型差异情形下的坐姿变化特征时，平板电脑任务中的躯干弯曲振幅概率分布范围 $APDF_{(90-10)}$ 数值是 3 种任务类型中最明显的，说明在任务切换过程中，被试者通常采用调整躯干弯曲来适应屏幕的高度变化。因此，躯干弯曲是平板电脑任务中需要重点关注的项目。

实验结果显示，躯干弯曲的均值：桌高 1 ＞桌高 2 ＞桌高 3。躯干弯曲的振幅概率分布范围 $APDF_{(90-10)}$ 数值：桌高 1 ＞桌高 2 ＞桌高 3。说明在桌高不断调整的过程中，躯干弯曲的均值在随之下降，变化的幅度也随之减小。因此，使用平板电脑时，躯干弯曲如超过健康阈值，可以采用适度调整桌高的方式来有效缓解躯干弯曲状态不佳的情况。从单方面的躯干弯曲均值和振幅频率分布范围 $APDF_{(90-10)}$ 数值来看，桌高 3 情形下，躯干弯曲均值最小且振幅概率分布范围 $APDF_{(90-10)}$ 数值最小。实际中，平板电脑放置在桌高 3 情形的桌面上时，由于桌面高度较高，导致被试者的视线比较接近于水平直视显示屏，正因如此，躯干弯曲值变得很小。

3 种桌高情形下，躯干弯曲超过健康阈值的时间占比见表 7–3，由于躯干弯曲定义方式存在差异，因此躯干弯曲①与②在时间占比上也略有不同。躯干弯曲①在桌高 2 情形中，达到 20° ~ 45° 时间占比是 3 种桌高情形下最小的。躯干弯曲②达到

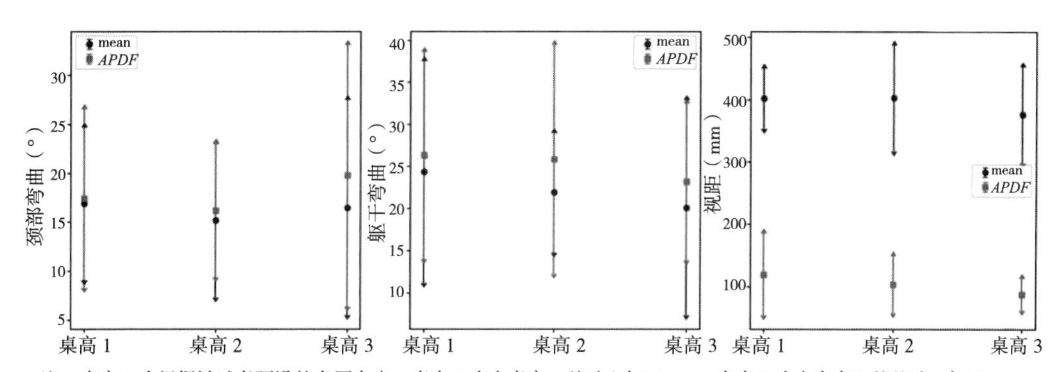

注：桌高 1 为根据被试者预设的书写高度，桌高 2 为在桌高 1 基础上加 40mm，桌高 3 为在桌高 2 的基础上加 40mm。

图 7-4　3 种桌高下的颈部弯曲、躯干弯曲②、视距的均值和 $APDF_{(90-10)}$

20° ~ 45° 时间占比：桌高 2 ＞桌高 1 ＞桌高 3。但超过 45° 时间占比，桌高 2 远远低于其他两种高度。

（三）不同桌高情形下视距特征分析

视距是本实验中一项重要的指标，当桌面高度变化以后，平板电脑显示屏的高度随之改变，显示屏高度的变化会带来视距数值的变化。3 种桌高情形下的视距数据见表 7–1、表 7–2 和图 7–4。实验结果显示，视距的均值：桌高 2 ＞桌高 1 ＞桌高 3。视距的振幅概率分布范围 $APDF_{(90-10)}$ 数值：桌高 1 ＞桌高 2 ＞桌高 3。

视距与颈部弯曲的关系如图 7–5 所示，从图中可以看出 3 种桌高对视距与颈部弯曲带来的影响。在桌高 2 情形下，视距相对最大，颈部弯曲相对最小；在桌高 3 情形

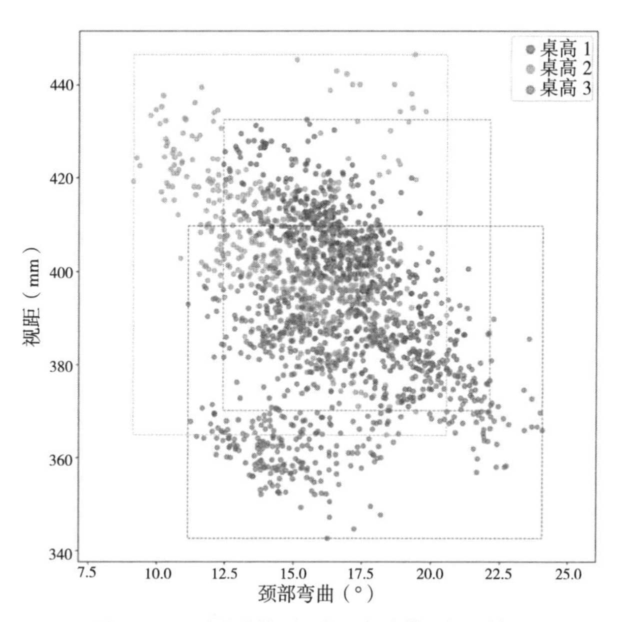

图 7-5　3 种桌高情形下的颈部弯曲和视距关系

下，视距相对最小，颈部弯曲较大；在桌高 1 情形下，视距与颈部弯曲与另外两种桌高情形下的同类值相比既非最大也非最小，处于中间位置。但整体而言，可以看出桌高 2 情形的身体坐姿呈现出来的颈部弯曲和视距效果相对最理想。

（四）主观调查结果分析

在主观问卷调查中，每个被试者需要在 3 种桌高下使用平板电脑后分别填写问卷。问卷中涉及的身体部位包含颈部、肩部、背部、腰部、臀部、腿部、手臂和手腕，并设置人形示意图，帮助不同年级的小学生更准确地描述身体局部的不适感受。统计数据显示，颈部和背部是受试者比较容易出现不适的部位，75% 的被试者认为桌高 2 更舒适。在桌高 1 情形下，有 16.6% 的被试者感觉颈部轻微不适，8% 的被试者感觉背部轻微不适。从整体问卷结果来看，被试者认为在桌高 2 的情形下使用平板电脑更舒适。这也说明主观感受与颈部弯曲、躯干弯曲、视距的数值分析相吻合。

四、数字化学习任务情形下学习桌调节方案探讨

（一）颈部弯曲与桌面高度适应性调节

Straker 等人研究指出头部及颈部弯曲角度的增加，带来颈椎下部和上部周围的力矩增加，因而组织应力和肌肉骨骼疾病风险更高。正因如此，在日常学生学习坐姿过程中，应尽可能控制这些部位的弯曲角度。以 Charlotte 等人应用 PEO 便携式人体工学观测方法提出的颈部弯曲 20° 阈值作为健康指标，在本章实验中，3 种桌高下颈部弯曲超过 20° 的时间占比依次是 32.2%、27.3%、26.1%，随桌高逐渐升高，呈现减少趋势。颈部弯曲超过阈值的时间越多说明出现不健康坐姿情况的时间越长。因此，可以通过对桌面高度进行调整来实时动态地适应性改变。

数据分析发现，桌面高度并非越高越好。同样在超过健康阈值的时间占比分析中，3 种桌面高度下颈部弯曲超过 45° 的时间占比依次是 2.9%、0.7%、3.4%，这里的数据在桌高 3 情形下，超过阈值的时间占比不降反升，说明此时的桌面高度不如前一种高度效果好，由于高度的不适应，反而增加了颈部弯曲调整的时间，而学习桌椅的人机适应系统就是需要寻找相对最佳状态。

减少颈部弯曲超过 20° 及 45° 情况是智能化学习桌椅适应性调节的目标之一。在桌面 3 次升高的过程中，颈部弯曲均值依次是 16.8°、15.2°、16.5°，数据显示，颈部弯曲的均值随桌面升高呈现出下降趋势，但是同样出现在桌高 3 情形下，颈部弯曲均值大于桌高 2 情形下的该数值，依然说明不能采用桌面高度持续升高的方式来降低颈部弯曲，而是需要一个恰当的升高数值。

（二）躯干弯曲与桌面高度适应性调节

根据本书第五章的实验结果，小学生在使用平板电脑任务中，身体进行适应性调整主要集中在躯干部位。而根据国外学者使用 PEO 对躯干弯曲角度开展的研究中，20° 和 45° 同样是检测健康姿势的一项重要指标。在本章实验中的 3 种桌面高度下，躯干弯曲①超过 20° 时间占比依次是 22%、10%、17%，可见桌面升高能够在一定程度上减少躯干弯曲情况。当躯干弯曲超过 45° 时，不健康的程度实际在加剧，躯干弯曲②因定义方式不一样，超过 45° 的表现更明显，3 种递增桌高情形下，躯干弯曲②超过 45° 的时间占比分别为 15.9%、6.7%、11.2%。根据超过健康阈值的时间判断，桌面高度的适应性升高，可以缓解躯干弯曲的情况。

上述数据也显示，持续递增高度并非最佳的方式。在 3 种高度情形下，高度 2 情形的躯干弯曲超过健康阈值的时间占比减少相对更合理，同时，3 种高度的视距分别为 402.3mm、402.6mm、375.5mm，现有研究中对视觉显示终端 Visual Display Terminal（VDT）操作者的建议视距是 45 ~ 50cm，实验中最接近该区域数值的是桌高 2。

（三）躯干大腿角与桌面高度适应性调节

3 种桌面高度情形下的躯干大腿角（左）均值依次是 104.4°、108.4°、102.7°。相对而言，依然是桌高 2 情形下的躯干大腿角更接近理想坐姿 120° ~ 135° 区间段。在现有国内外研究中，对于躯干大腿角的分析，从解剖学角度表述更加清晰。Keegan 研究指出当人从站立的姿势变换到一个直立的坐姿时，看似 90° 的变化，实际上髋关节的弯曲只有 60°，而另外 30° 的弯曲来自腰椎曲线，也就是说当躯干大腿成直角时，腰部曲线明显变平，如图 7-6 所示。但从健康的角度，实际中需要尽可能减少腰部这种过度的弯曲变化。为了让腰椎尽可能地处于自然状态，可以通过改变椅面倾角实现，也可以通过减小躯干弯曲来实现。因此，在学生使用数字化学习工具时，如果无须前

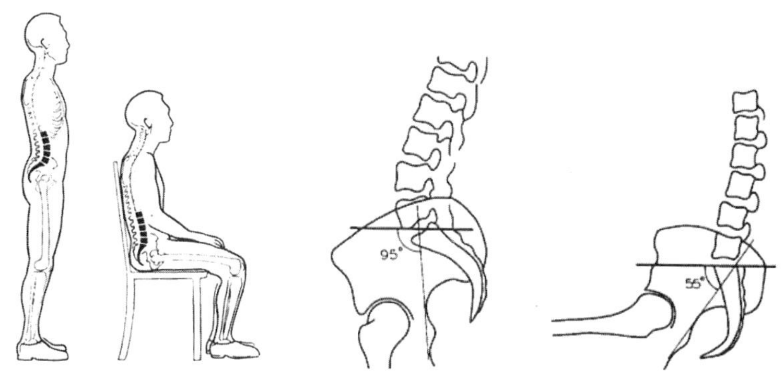

图 7-6　坐姿变化中的髋关节情况

来源：Mandal A C. The seated man（Homo Sedens）the seated work position：theory and practice[J]. Applied ergonomics，1981，12（1）：19-26.

倾只是通过观看完成相应学习任务，就可以通过调节桌面高度来减小躯干弯曲程度，同时由于平板电脑或者手机等设备屏幕相对较小且低于视线情况比台式机和笔记本电脑更加明显，桌面的升高更易保持健康水平向下 15° ~ 25° 的视角。在 3 种桌面高度的分析中，从躯干大腿角层面，同样是桌高 2 更适应。

综上所述，小学生使用各类电子设备的情况越来越普遍，作业经常是纸质和电子式作业相结合，意味着小学生在完成课外作业时经常要进行不同任务的切换，而不同任务呈现出来的坐姿大不相同。根据本章实验结果，使用平板电脑这一类型的数字化学习工具时，可以通过调节学习桌的高度来实现对使用者颈部弯曲、躯干弯曲和视距的健康引导。

五、小结

本节主要以小学生数字化学习任务中使用桌椅为例，实验测试 3 种桌高对使用者颈部弯曲、躯干弯曲、躯干大腿角、视距等的影响。

在桌高 1 情形下，颈部弯曲均值最大，颈部弯曲的 $APDF_{(90\text{–}10)}$ 数值在 3 种桌高中排中间；躯干弯曲的均值相对最大，躯干弯曲的 $APDF_{(90\text{–}10)}$ 数值相对最大；视距均值在 3 种桌高中排中间，视距的 $APDF_{(90\text{–}10)}$ 数值相对最大；躯干大腿角（左）的均值在三种桌高中排中间，躯干大腿角（左）的 $APDF_{(90\text{–}10)}$ 数值相对最大。

在桌高 2 情形下，颈部弯曲的均值最小，颈部弯曲的 $APDF_{(90\text{–}10)}$ 数值最小；躯干弯曲的均值在 3 种桌高中排中间；躯干弯曲的 $APDF_{(90\text{–}10)}$ 数值在 3 种桌高中排中间；视距均值最大，视距的 $APDF_{(90\text{–}10)}$ 数值在 3 种桌高中排中间；躯干大腿角（左）的均值最大，躯干大腿角（左）的 $APDF_{(90\text{–}10)}$ 数值在 3 种桌高中排中间。

在桌高 3 情形下，颈部弯曲的均值在 3 种桌高中排中间，颈部弯曲的 $APDF_{(90\text{–}10)}$ 数值最大；躯干弯曲的均值最小，躯干弯曲的 $APDF_{(90\text{–}10)}$ 数值最小；视距均值最小，视距的 $APDF_{(90\text{–}10)}$ 数值最小；躯干大腿角（左）的均值最小，躯干大腿角（左）的 $APDF_{(90\text{–}10)}$ 数值最小。

综合身体多项指标数据，以及主观评价结果，小学生从纸质书写任务转到平板电脑的操作任务时，颈部弯曲会在 10min 左右出现明显增加，说明身体感受到一定不适，开始出现调整的动作。视距会随时间延长而逐渐降低，也会在达到一个低值后产生自我适应性调整行为。说明学生在使用平板电脑的过程中，需要进行时间上的控制，在出现影响健康的坐姿时应给予及时的提示或者引导。此时，学习桌的高度可以进行适时的调节。在书写的高度基础上调高 40mm，以期获得更健康理想的坐姿状态。

第二节　数字技术下的研究方法

一、坐姿行为的数字化监测

智能技术与行为监测系统相结合的目的是带给人们更安全健康的生活、工作、学习过程。对用户行为准确的追踪与监测，一方面可以分析了解用户的需求与意图，为后续的智能系统交互反馈提供支持；另一方面，在实时的行为监测过程中，通过机器学习预测和判断可能出现的不健康行为，可以及时提醒用户，有效避免危险情况的发生。

在本书第五章中，使用 Kinect V2 和 OpenPose 二维姿势检测的开源实时系统对学生的学习坐姿进行了追踪和识别，通过关键点的识别，计算被试者动态坐姿状态下身体关键角度变化数值，发现不同学习任务时坐姿随时间变化规律。在本章第一节中，再次根据分析的数据，对桌高进行相应的适应性调节实验，追踪分析被试者身体关键角度的变化情况。这种基于数据的学习桌适应性调节，还可以进一步运用机器学习等算法，实现更自主的智能化交互适应性调节。因此，在前两项实验的基础上，进行学习任务坐姿分类，建立相应的数据集，为桌椅的智能化动态调节提供依据。

传统的行为分类需要对视频中的行为进行特征提取、特征编码，运用主成分分析等算法对行为特征进行降噪等处理，之后使用传统分类算法如 K 近邻算法、支持向量机（Support Vector Machine，SVM）等进行行为的分类。而深度学习则可以自主学习视频行为的特征，不仅节省人力，而且更加客观准确高效。

本章实验通过 OpenPose 采集被试者行为特征，使用集成学习算法对坐姿行为进行分类。不同类别下的坐姿具有一定的特征，同时伴随一定的行为需求，如能建立一定特征的学习坐姿数据集，桌椅系统根据数据集的信息，就可以进行判断和预测，进一步产生对应的交互变化命令，为桌椅的主动性适应过程奠定基础。

二、建立姿态数据集

（一）实验目的与环境对象

本节实验的开展是在前期第五章和本章第一节实验的基础上，目标是建立一个能够使用计算机视觉技术识别的学习坐姿行为分类数据集，数据集的建立可以为智能化学习桌椅与学生使用者之间实现动态平衡适应提供有效的数据支持。在此基础上，结合应用不断发展的机器学习，为未来的智能学习桌椅提供可以建立友善的用户行为分析反馈系统的保障。本节实验环境与第五章和本章第一节中的实验场所保持不变，实验对象与前面章节中的人员一致。

（二）实验方法

梯度提升决策树（Gradient Boosting Decision Tree，GBDT）是集成学习（Ensemble Learning）中的 boosting 算法，可以将一系列弱学习器组合形成强学习器。而本研究中使用的 LightGBM 则是基于 GBDT 的一种快速、分布式提升框架，具有良好的可解释性和拟合效果。

LightGBM 通过一系列的改进规避了 XGBoost 算法耗时较长而且消耗内存较大等缺陷，并取得了更好的精度和速度。它使用直方图算法（Histogram-based Algorithm）将连续的特征值转换成离散的直方图索引，减小了内存的消耗量和算法的复杂度。同时，LightGBM 引入了带有深度限制的叶子生长策略（leave-wise），在每次分裂中找到分裂增益最大的叶子，然后再继续分裂。在同等的分裂次数下这种生长策略具有更高的准确率和更小的误差。此外，LightGBM 基于梯度的单边采样（Gradient-based One-Side Sampling）算法显著减小了特征的维度。因此，选择 LightGBM 算法在本实验阶段对姿势进行采集训练与分类。

（三）实验设备与过程

实验中使用一个 FHD 分辨率（1920×1080）的彩色摄像头和 OpenPose 二维姿势检测的开源实时系统捕捉被试人员进行不同任务时的画面，追踪人体骨架并进行坐姿识别，整个实验采集 12 个被试者（6 男 6 女），年龄 7 ~ 12 岁，共计 16631 个行为样本，最终选取 4291 个样本。该数据集包含 5 种行为：书本平放式阅读、书本立放式阅读、书写、使用平板电脑、使用手机。在每种行为中，每秒钟进行一次记录，记录被试者关键点的二维坐标和置信度，每种任务类型采集 10 ~ 15min。图 7-7 为书本立放式阅读的典型坐姿和使用平板电脑时的典型坐姿，其上标示出了关键点与置信度。5 种行

图 7-7　竖立书本式阅读的典型坐姿和使用平板电脑的典型坐姿图

为样本数分别为：书本平放式阅读状态 1228 个，书本立放式阅读状态 608 个，书写状态 1321 个，使用平板电脑状态 668 个，使用手机状态 466 个。

三、小结

本节在前期获取实验数据的基础上，进一步采集被试者行为特征，使用集成学习算法对坐姿行为进行分类，建立一定特征的学习坐姿数据集，数据集包含 5 种行为：书本平放式阅读、书本立放式阅读、书写、使用平板电脑、使用手机等。为后续研究提供桌椅适应性配置参数对应的行为类别组，桌椅系统可以根据数据集的信息进行判断和预测，进一步产生对应的交互变化命令，为桌椅的主动性适应过程奠定基础。

第三节　数据处理分析与实验结果讨论

一、数据处理

（一）数据表示与预处理

实验中采集到的姿态可以用由二维点组成的向量表示：

$$\boldsymbol{P} = [p_1, p_2, \cdots, p_n] \tag{7-1}$$

可以展开为：

$$\boldsymbol{P} = [x_{p1}, y_{p1}, x_{p2}, y_{p2}, \cdots, x_{pn}, y_{pn}] \tag{7-2}$$

其中，p_i 是第 i 个关键点，n 为关键点的总数。实验中所使用的 COCO 模型共包含 18 个关键点，如图 7–8 所示。

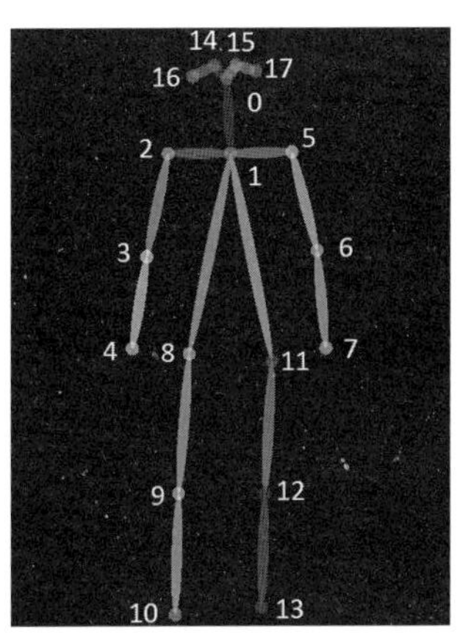

图 7–8　COCO 模型 18 个关键点

为了消除输入图像分辨率对坐姿关键点坐标的影响，这里对坐姿向量 $\boldsymbol{P}$ 进行归一化处理。首先，在摄像头捕获到的画面中，坐姿关键点坐标值受到被试者在画面中位置的影响，通过平移来消除这一影响。横纵坐标都分别减去最小值：

$$x'_{pi} = x_{pi} - \min_{x} \boldsymbol{P} \tag{7-3}$$

$$y'_{pi} = y_{pi} - \min_{y} \boldsymbol{P} \tag{7-4}$$

之后对平移处理后的 $\boldsymbol{P}'$ 进行归一化：

$$x'_{pi} = \frac{x_{pi}}{\max \boldsymbol{P}'} \tag{7-5}$$

$$y'_{pi} = \frac{y_{pi}}{\max \boldsymbol{P}'} \tag{7-6}$$

可以得到归一化后的坐姿 $\overline{\boldsymbol{P}}$，所有坐标由像素值映射到区间 [0，1] 之中，并且不再受图像分辨率和被试者在画面中位置的影响。

（二）特征关键点筛选

在本实验全过程，摄像头位于被试者的矢状面位置，这样就会出现半身的点识别不够准确的问题。此时，可以根据 OpenPose 中对应关键点的置信度数据，来衡量关键点识别的准确程度。图 7-9 中标示出了实验记录的 16631 个样本中所有关键点置信度的均值和标准差。其中关键点 14 和关键点 16，对应 COCO 模型，可知是另外一侧的眼睛和耳朵。另外，从图中可以看出左半身的关键点置信度均值明显更高，而标准差更小。因此在 18 个点中，可以只选用左半身的点来代表当前姿态，包括：颈部、鼻子、左肩、左手肘、左手腕、左臀部、左膝、左脚踝、左眼、左耳。

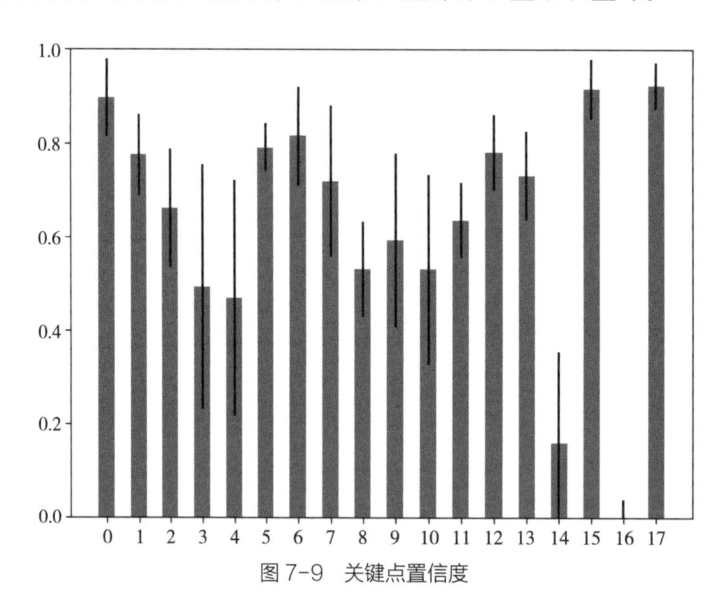

图 7-9 关键点置信度

（三）数据集的训练与分类

本实验中使用 Python 对前期所获取的数据进行训练与验证，如图 7-10 所示。

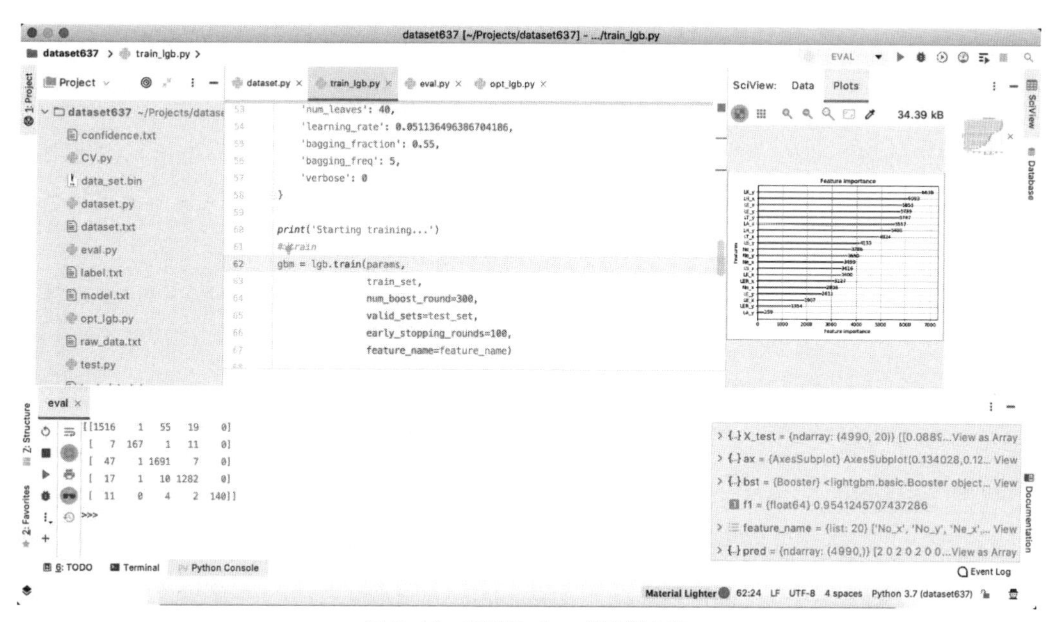

图 7-10 使用 Python 训练数据集

分类性能的评价指标：在二分类问题中，分类结果可以分为真正例（True Positive）、假正例（False Positive）、真反例（True Negative）、假反例（False Negative）。分别用 TP、FP、TN、FN 表示 4 种结果对应的样例数量，可以得到混合矩阵，见表 7-4。

分类结果混合矩阵 表 7-4

真实情形	预测结果	
	正例	反例
正例	TP	TN
反例	FP	FN

在二元分类问题中，分类算法的性能可以通过精确率（Precision）、准确率（Accuracy）和召回率（Recall）来评判。则模型的准确率为 Acc、精确率为 P 和召回率为 R：

$$Acc=\frac{TP+TN}{TP+FP+TN+FN} \tag{7-7}$$

$$P=\frac{TP}{TP+FP} \tag{7-8}$$

$$R=\frac{TP}{TP+FN} \tag{7-9}$$

本研究中的坐姿分类问题是多分类问题，可以将其看作若干个二分类问题，一般在多分类问题中可以使用宏精确率（Macro Precision）、宏召回率（Macro Recall）和宏 F1（Macro F1）来衡量模型的效果，或者使用微精确率、微回归率和微 F1 评估，求出各个混淆矩阵中的 TP、FP、TN、FN 的平均值 $\overline{TP}$、$\overline{FP}$、$\overline{TN}$、$\overline{FN}$，然后以这些平均值求得：

$$micro\text{-}P=\frac{\overline{TP}}{\overline{TP}+\overline{FP}} \tag{7-10}$$

$$micro\text{-}R=\frac{\overline{TP}}{\overline{TP}+\overline{FN}} \tag{7-11}$$

$$micro\text{-}\mathrm{F1}=\frac{2\times micro\text{-}P\times micro\text{-}R}{micro\text{-}P+micro\text{-}R} \tag{7-12}$$

（四）交叉验证

为了验证数据集的可信度，进行交叉验证，如图 7-11 所示，获取召回率（Recall）、精确率（Precision）、准确率（Accuracy），精确率和召回率调和平均值 F1 值。数据见表 7-5。多分类效果可以通过微 F1（Micro F1）及宏 F1（Macro F1）来衡量，现有验证数值均在 0.9 以上，说明交叉验证效果较好。

交叉验证数据　　表 7-5

项目	分值
准确率	0.9349801910976462
宏精确率	0.9437260586150076
宏召回率	0.9356770104567336
宏 F1	0.9394910541583718
微精确率	0.9349801910976462
微召回率	0.9349801910976462
微 F1	0.9349801910976462

二、实验结果与讨论

本节实验中建立的坐姿数据集包含书本平放式阅读、书本立放式阅读、书写、使用平板电脑、使用手机 5 种姿势。不同类型坐姿状态下呈现出来的特征存在差异，因此可以对特征关键点进行筛选，训练机器去识别各类不同的姿势，形成多分类的坐姿数据集。在数据集建立后，进一步通过验证证明该数据集具有较好的效果。

图 7-11 使用 Python 交叉验证

坐姿行为识别属于多学科交叉研究方向，是智能技术与具体研究领域紧密结合的一种应用。随着计算机视觉技术及智能硬件的快速发展，日常坐姿的智能化监护、桌椅类家具的自然人机交互等将成为必然发展趋势。因此，坐姿行为数据集的建立及日后的不断更新，将对人机工程研究领域以及家具行业等的发展起到关键性推动作用。

在本研究中，数据集的建立可以帮助学习桌椅人机适应系统实现对使用者坐姿类型的自动识别。同时，结合前两章实验数据，针对小学生在不同类型学习任务时的坐姿特征，对桌椅进行对应性的调节。这种调节因自动识别分类功能的建立，可以成为一种以桌椅为主导者的自发性持续调节过程，以主动引导的方式满足小学生坐姿行为变化需求。桌椅的这种自发性适应调节，需要五大前提条件：

（1）桌椅系统符合“人”“机”“环境”等基础条件要求。

（2）能够对小学生动态坐姿准确追踪与识别。本书第五章使用 Kinect V2 深度传感器和 OpenPose 结合确立了目前阶段精准的坐姿识别方法，也为本章实施提供了保障。

（3）可以对小学生动态的坐姿身体关键数据进行计算分析，实现数据的实时精确判断。本书第五章通过实验实现了动态坐姿中颈部弯曲、躯干弯曲、躯干大腿角、膝关节角、视距 5 类关键指标数据的自动采集与计算统计。

（4）建立数据集合，能够使用人工智能中的机器学习，进行学习姿势的自动分类判断。本章的实验保障了数据集的准确。

（5）具有针对坐姿分类的适应性调节参考数值，以便合理地根据不同的坐姿类型开展自发性调整。本书前面章节都在分析探讨桌椅适应性调节的科学化参数，另外结合国内外已有的部分健康参考数据，建立并完善学习桌椅针对任务坐姿分类的适应性参数判断依据。

这5个条件的满足，可以为学习桌椅的智能化调节提供数据保障与技术支持。对于智能化调节参数，下面结合前期实验获取的调节数据以及本领域已有的研究成果，进行分析总结：

首先，5种类型坐姿都是以传统桌椅静态人机适应为基础，传统中常规小学生学习桌椅的高低尺度可以根据国标《学校课桌椅功能尺寸》GB/T 3976—2014作为标准进行调节，见表7-6。该标准中提供的是一个常规适应尺度范围，包含了不同身高范围学生群体适宜的桌面高度和座面高度。

中小学生课桌椅各型号的标准身高、身高范围　　表7-6

课桌椅型号	桌面高（mm）	座面高（mm）	标准身高（cm）	学生身高范围（cm）
0号	790	460	187.5	≥ 180
1号	760	440	180.0	173 ~ 187
2号	730	420	172.5	165 ~ 179
3号	700	400	165.0	158 ~ 172
4号	670	380	157.5	150 ~ 164
5号	640	360	150.0	143 ~ 157
6号	610	340	142.5	135 ~ 149
7号	580	320	135	128 ~ 142
8号	550	300	127.5	120 ~ 134
9号	520	290	120.0	113 ~ 127
10号	490	270	112.5	≤ 119

注 1. 标准身高系指各型号课桌椅最具代表性的身高。对正在生长发育的儿童青少年而言，常取各身高段的组中值。
2. 学生身高厘米以下四舍五入。

来源：中华人民共和国国家卫生和计划生育委员会．学校课桌椅功能尺寸及技术要求：GB/T 3976—2014[S/OL]. [2022-03-02]. https：//www.doc88.com/p-1721309805464.html.

在这个标准中，学生身高范围从小于等于119cm，到大于等于180cm，这种以个体身高为依据，而非以年龄进行区分的，有效避免了同一年龄段身体差异过大而采用统一标准的情况，可以让桌椅真正与每个使用者实际情况相匹配。本书实验中桌面和座面高度设置是按照被试人员实际身高、坐姿肘高、小腿加足高进行相应设定，完全符合此国标范围。但这个适应的范围是通用的最基础的标准，对于小学生学习任务的变化需求，还可以给予进一步细致的适应性调节。

因此，本书根据任务分类进行数据细化探讨。书写是桌椅使用中最常见的任务，学习桌椅可以在高度、倾斜角度上给予坐姿特征适应性配合及引导。书写任务时身体姿势多为前倾状态，手臂支撑于桌面，依据颈部弯曲、躯干弯曲、躯干大腿角、膝关节角、视距等数据最佳健康范围，桌面高度可以设置为坐姿高度基础上加 4cm，桌面倾斜角度 15°，座面高度为小腿加足高，座面倾斜角度为向前倾斜 15°。根据 Keegan、Mandal 和 Marschall 的研究，书写状态的椅面向前倾斜 15°，这样可以减小 20° 的腰椎弯曲度，降低腰部的不适。结合前面实验数据分析，这样也可以保证躯干弯曲和躯干大腿角位于较合理的区间，如图 7–12 所示。

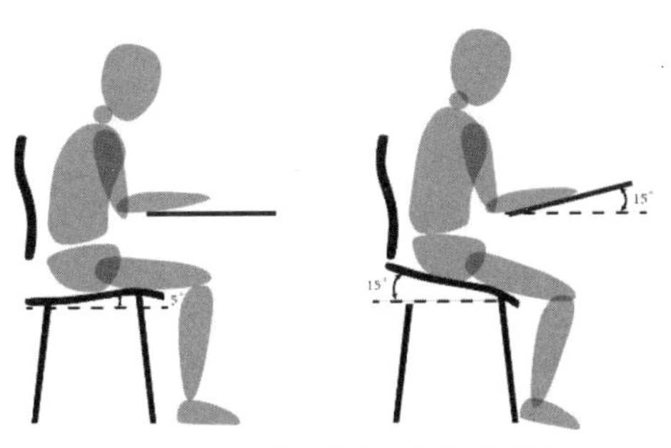

图 7–12　书写状态桌椅角度对比

阅读任务也是小学生日常学习行为之一。根据前面章节实验结果，在现有书本平放式阅读时，身体通常前倾，和书写状态近似，容易出现颈部弯曲、躯干弯曲角度较大等问题，此时桌椅系统可以进行适应性调整引导使用者改变自身不佳姿势，根据 Zacharkow 等人对阅读角度的建议，具体可以采用桌面局部倾斜 45°，或者添加 45° 置书架等方式。由于阅读任务无须前倾姿势，可以后靠加大躯干大腿角，同时减少躯干弯曲和颈部弯曲，座面可以使用常规的向后倾斜 5° 的状态，如图 7–13 所示。

对于使用平板电脑等移动式电子设备的学习行为，根据前面章节实验结果，可以通过升高桌面的方式进行适应性调节。在原有阅读方式的桌高基础上升高 4cm，而椅面则从前倾 15° 调整为后倾 5° 的状态，如图 7–14 所示。

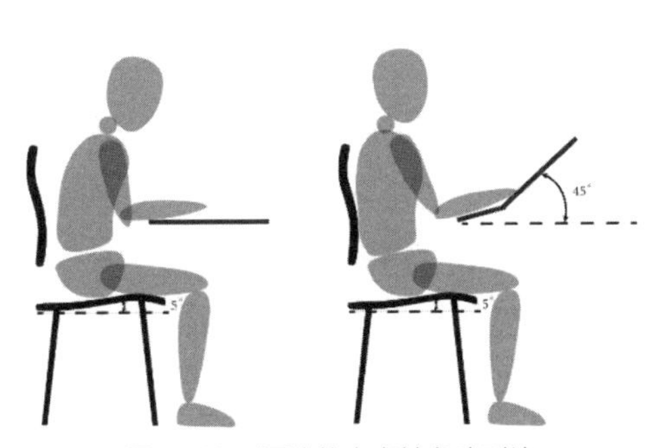

图 7–13　阅读状态桌椅角度对比

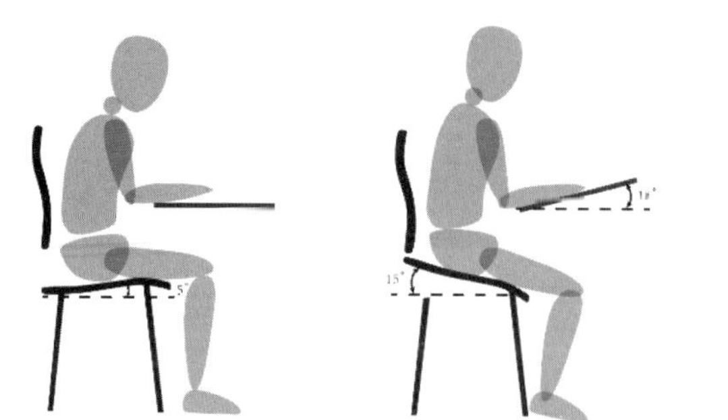

图 7-14 使用平板电脑等电子设备桌椅角度对比

具体适应性调节数据的确立，可以让智能技术有机会去创造一个更人性化的动态适应过程。成功的坐姿分类对于后期智能监测具有重要意义，因为系统可以通过坐姿分类判断坐姿主体所处的状态，以及正在进行的工作，这样将更有利于确定何种反馈为使用者提供哪些需求上的支持。这一过程将赋予桌椅自主思维的“智慧”，以便在无人控制的情况下，实现自主式的行为反馈。例如，根据坐姿类别，可以主动性地调节桌面高度、桌面倾斜角度、座面倾角等，见表 7-7。这种依据个人特征提供适应的尺度，并且在动态中不断调整，正是自发性调节适应和连续动态平衡适应的体现。

不同任务姿势下桌椅可调尺度　　表 7-7

分类	桌面高	桌面倾角	座面倾角	座面高
书本平放式阅读	肘高 + 40mm	水平桌面 + 45°	后倾 5°	小腿加足高
书本立放式阅读	肘高 + 40mm	水平桌面 + 15°	后倾 5°	小腿加足高
书写	肘高 + 40mm	水平桌面 + 15°	前倾 15°	小腿加足高
使用平板电脑	书写高度 + 40mm	水平桌面 + 15°	后倾 5°	小腿加足高
使用手机	书写高度 + 40mm	水平桌面 + 15°	后倾 5°	小腿加足高

三、小结

本节主要针对前期实验所采集的数据进行处理分析并对实验结果进行研究讨论。首先，训练机器去识别学习过程中的不同姿势，形成多分类的坐姿数据集。其次，为了可以使桌椅依据数据集进行适配调整，分析了桌椅自发性适应调节所需要的五大前提条件。最后，针对主要数据集合类别下坐姿适配桌椅的参数进行系统分析总结，为学习桌椅的智能化调节提供数据保障与技术支持。

第四节　桌椅适应性设计策略

一、构建学习桌椅人机适应性调节系统

（一）应用计算机视觉技术实现坐姿识别

智能技术的适时引入，可以实现坐姿行为分析和使用桌椅过程中的人体工程学的自动化检测，降低用户使用桌椅过程中的交互难度，简化用户的思考过程。对于小学生这个特殊群体而言，健康坐姿行为极为重要，在家长无法时刻监护的情况下，建立学习桌椅自动化跟踪与检测系统，可以最大限度减少不良坐姿行为的发生。

从本书第五章实验结果可以看出，有效应用计算机视觉技术可以准确实现坐姿行为的跟踪与识别，而人工智能、机器学习等技术的不断发展，算力的大幅提升，也为学习桌椅这类产品的智能化交互提供了可能。学习桌椅的智能化，核心问题是准确获知使用者的状态，以便及时精准地提供适应性的反馈，Kinect V2、OpenPose 等非接触式运动识别系统结合应用，可以准确识别人体主要关节点，结合坐姿骨骼角度计算法，便可以实现用户姿势评估。

（二）多种坐姿类型的识别与判断

学习桌椅人机适应系统，在准确识别坐姿状态中的人体骨骼关节点后，一方面可以计算并显示坐姿关键角度动态数据，并对照预先设定的角度健康阈值，判断实际坐姿中身体关键角度变化情况，对于可能导致肌肉骨骼疾病的姿势，及时给予预警；另一方面，还可以针对常规的学习坐姿进行分类，以便更好地进行行为的识别与测试。

本章坐姿分类数据集的建立，可以帮助桌椅适应性系统更好地区分使用者的状态，为桌椅的预适应调节提供支持。由于不同学习任务时的坐姿状态存在差异性，系统可以根据这种差异，判别坐姿类型，进而判断使用者所处的状态，并且及时给予相应功能需求上的支持。同时，针对坐姿类型的转换，给予预先性的判断，也可以针对即将进行的姿势类型活动，适时提供超前的引导服务或者功能支持，更好地协助使用者完成自身状态的调整，减少适应达到平衡状态所需的时间。

（三）学习桌椅的自发性动态交互

学习桌椅人机适应系统在完成人体数据的追踪识别后，可以对坐姿类型进行判断，并依据判断结果给予学习桌椅相应的调节指令，结合桌椅系统中控制器实现学习桌的自发性调节。而这种学习桌的主动变化，将引导使用者进行适应性调整，形成人机双方的交互。此时，学习桌椅提供的适应是一种与使用者保持时刻交互的适应，是一种处于持续发展状态中的适应。根据本书第二章内容可知，小学生使用桌椅过程中，首

先进入的是同化适应，即小学生可以直接将初始状态的桌椅纳入自己行动图式中，在经历了一定时长的坐姿状态后，根据自身生理和心理、实际作业任务的需求，以及外面环境的变化，开始调整自身，进行顺应适应。这种适应类型的动态交替将保证儿童处于更加健康的状态。

桌椅主动调节，对于使用者来说属于外部环境的变化，这种变化将引起学生坐姿的调整，直到身心状态与桌子之间形成平衡，即形成较健康的姿势。桌椅人机适应系统能够针对使用者实时的状态，提供对行为有目的和指向性的引导，确保学生保持一个相对安全健康的学习坐姿过程。

二、久坐行为的时间监控与动态坐姿引导

智能技术可以准确追踪和识别学生坐姿状态，也可以记录不同坐姿持续的时长，因此，学习桌椅人机适应系统能够实现对学生久坐行为的判别，并及时给予健康引导。久坐干预目前已成为世界范围研究领域中的一个方向，网络办公程度的提升带来了大量办公人员久坐行为的出现，而线上学习对于学生来说同样会产生一定的影响。虽然一些地区的教育部门针对现有小学生网络课程规定了相应的时间限制，但除了常规教学内容，很多小学生还参加了课外的各类网络培训，这无疑延长了他们面对电脑的坐姿行为时间。Hakala 等人研究指出，青少年每天使用电脑 2 ~ 3h，可能造成颈部和肩部疼痛。因此，合理管理使用时间，减少久坐十分必要。

坐姿时长监控的目的是进行健康坐姿行为的引导，因此久坐干预的方式也十分重要。简单的语音提醒，在一定程度上会起到作用，但探索多样化的方式，可以为用户提供更广的选择空间。语言、音乐这类声音提醒是一种相对柔和的干扰方式，也可以通过桌椅高度升降，引导使用者站立，或者短时间地形成动态坐姿，改变持续的身体关键角度，缓解久坐可能对肌肉骨骼造成的伤害。

三、小结

本节在前期实验的基础上，针对学习桌椅的人机适应性需求，提出构建学习桌椅人机适应性调节系统，通过计算机视觉技术获取使用者坐姿特征，再依据前期所建立的坐姿数据集进行不同类别坐姿行为的识别与判断，而后针对不同类别的坐姿，桌椅进行自发性的适应性动态调整与交互。桌椅所构建的自适应调节系统可以对久坐行为进行有效的监管，并实现健康坐姿的引导，让桌椅与人保持良好的人机交互关系。

本章结语

本章主要利用 OpenPose 采集关键点数据，获取被试者的行为特征，实验最终选取 4291 个样本，使用 LightGBM 算法对坐姿行为分类进行定义、训练与验证。建立的学习坐姿数据集，可以有效区分书写、书本平放式阅读、书本立放式阅读、使用平板电脑、使用手机这 5 种坐姿状态。同时，为了验证数据集的可信度，进行交叉验证，微 F1 和宏 F1 的值分别为 0.9394 和 0.9349，交叉验证效果较好。坐姿分类数据集的建立，可以为未来智能学习桌椅依据坐姿类型展开自发性调节提供有效依据。

此外，为了能够顺利地根据坐姿类型进行合理的适应性调节，针对坐姿类型特征，结合前期实验获得数据以及国内外学者相关研究内容，建立并完善学习桌椅适应性调节参数。书写状态下，桌面倾角 15°，座面前倾 15°，高度可以为坐姿肘高加 4cm，或者按照《学校课桌椅功能尺寸及技术要求》GB/T 3976—2014 设定高度，座高为小腿加足高。阅读状态下，桌面可以局部倾斜 45°，座面后倾 5°，高度可以为坐姿肘高加 4cm 或参照国标，座高为小腿加足高。使用平板电脑时，桌面倾角 15°，座面后倾 5°，桌面高度为书写状态桌面高度加 4cm，座高为小腿加足高。最后，以此为基础，结合前期实验及分析，从构建学习桌椅人机适应性调节系统、提供久坐行为的时间监控与动态坐姿引导两方面提出学习桌椅人机适应性设计策略。

第八章
总结与展望

第一节 研究总结

本书通过文献分析、访谈、问卷调查、实验等方法，从桌椅家具的发展历史开始一步步深入系统地探索了桌椅人机适应性构成因素、基础条件、实现方式等内容。其中，涵盖各类桌椅应具有的初级人机适应、不断优化中的桌椅中级人机适应，以及结合智能技术正在创新中的桌椅高级人机适应。全书在探索桌椅人机适应性过程中，为了更为准确贴切地揭示适应性的属性和发展特征，选取学习桌椅进行系统分析与实验。在整个分析中，充分考虑了当下及未来一段时间内智能教育环境的发展趋势、学生学习内容和方式的更新变化，以及学生对家具产品的实际需求等对桌椅人机适应关系的影响，结合学生使用家用学习桌椅的现状分析、学习坐姿行为特征，提出了未来学习桌椅应具有的全新动态平衡人机适应关系，并积极引入智能技术，探索学习桌椅与学生使用者之间的智能交互适应过程，以期为未来智能化桌椅的设计提供数据支持。本书主要研究内容如下：

（1）从理论上，提出了具有自发调控特征、连续动态平衡特征以及持续发展特征的新型桌椅人机适应关系。从“人”“机”“环境”三个方面对桌椅人机适应性的基础条件进行系统分析，梳理桌椅家具的初级人机适应关系。而后结合使用者使用需求及相应的坐姿习惯，探索基于坐姿适应的桌椅中级人机适应关系。在此基础上，指出桌椅要实现高级的自发性持续动态人机适应，不仅需要首先满足使用者心理、生理及行为认知发展变化，还需结合智能环境及技术环境发展趋势，针对用户变化中的使用行为，分层次确立基础功能、辅助功能、拓展功能，主动学习使用者的行为习惯和思考方式，更加“智慧”地对使用者的行为进行分析与预判，提前做出行为支持或提示，将使用者纳入桌椅的人机系统之中，构建一种人机融合的状态，实现人机适应关系的持续动态发展。

（2）本书在案例研究中，通过访谈法，同时结合可用性 ISO 9241 国际标准以及可靠性设计中的功能效率、易用性、舒适度以及健康和安全等因素要求，设计并发放桌椅基本使用情况调查问卷，并对问卷调查结果进行数据统计，分析现实存在问题及适应性需求。同时，再次通过访谈，总结桌椅人机适应相关因素。之后引入层次分析法，建立包含尺寸与姿势适应、人机交互认知适应、感觉及心理适应 3 个一级指标和 16 个二级指标的适应性指标结构体系模型，并计算各项指标权重，获得适应性指标重要性排序。

在基于坐姿行为的桌椅中级人机适应性研究阶段，初期通过观察法归纳总结学生使用常规三种桌椅时出现的典型不健康坐姿特征，指出所涉及的身体主要部位及具体表现，构建包含头部动作、手臂与手动作、腿与脚的姿势、身体姿势4部分的坐姿行为结构指标，同时结合国内外学者研究成果，进一步细化结构指标参数，包括颈部弯曲20°、躯干弯曲20°、躯干大腿角120°～135°、膝关节角90°、手臂外展角30°～50°，以及变化部位动作的频率与幅度形成评价判断依据，同时为后期实验中身体关键特征的选取提供依据。

之后通过实验深入探讨基于坐姿行为的桌椅中级人机适应性。首先，确立使用Kinect V2与OpenPose相结合的方法，精准追踪实验所需身体关键节点，同时通过KCL算法，获取头部质心点等非系统提供的关键点，并以前期坐姿行为分析为依据，利用这些所获取的身体关键点，计算并分析6项身体关键特征及其随时间的变化规律。在此基础上，分析探讨桌椅相应的人机适应属性特征。

（3）通过调研分析智能技术与家具融合的可行性及发展趋势，梳理分析了不同类型智能环境中人行为方式的变化，分析了使用者对于智能家具人机关系的需求变化。结合前期实验成果，利用OpenPose采集学习行为过程中的人体坐姿关键点数据，选取4291个行为样本，使用LightGBM算法，建立包含书写、书本平放式阅读、书本立放式阅读、使用平板电脑、使用手机5种状态的坐姿分类数据集。同时，针对坐姿类型特征，建立并完善学习桌椅适应性调节参数，总结桌椅高级动态适应性设计策略。

第二节　研究展望

桌椅是人们日常生活、工作、学习必不可少的家具产品，其适应性特性将直接影响使用者的健康和效率。而综合大环境的不断变化、智能技术的拓展与渗透、功能需求的转变，都将带给桌椅类家具巨大的创新发展空间。因此，桌椅的人机适应性研究将是一个可持续拓展的重要研究方向，其中仍然有许多课题值得科研人员深入探索。本书受时间和侧重点的限制，未能展开，但现有研究方向在本领域还可以进一步深化，主要集中表现为以下几点：

（1）新型桌椅人机适应关系的建立需要更多交叉学科领域的知识，并且越来越多的新技术正在不断开发和介入，给相关领域科研学者提供了可以延展交叉的方向，如针对桌椅使用行为的智能识别方式的突破与创新等。

（2）探讨随着VR、AR、MR等技术的普及，情景式使用过程将对桌椅产品产生新的要求，以及使用智能识别方式的创新突破等。

（3）桌椅智能控制技术可以进行深入研究，如人机动态交互控制方式的创新等。

综上所述，未来的桌椅产品将不再只是一件传统物料制作的常规功能性家具，更是一个能带给使用者人性化实时交互体验的共生系统。在这个系统中，家具人机适应性的构建因人而异、因特定功能而异，并呈现出更高层次动态交互适应的关系。智能技术将赋予桌椅以“智慧”，使其更好地理解使用者的个性化行为，并利用特定实效性数据来帮助使用者合理地使用家具，实现健康安全高效的目标。

[1] 吴智慧 . 家具设计 [M]. 北京：中国林业出版社，2010.

[2] 皮娜 . 家具史 [M]. 吕九芳，吴智慧，等译 . 北京：中国林业出版社，2008.

[3] 陈于书，熊先青，苗艳凤 . 家具史 [M]. 北京：中国轻工出版社，2017.

[4] 刘文金，唐立华 . 当代家具设计理论研究 [M]. 北京：中国林业出版社，2007.

[5] 李亮之 . 世界工业设计史潮 [M]. 北京：中国轻工业出版社，2001.

[6] HEINEMANN C，USKOV V L. Smart university：literature review and creative analysis[C]//USKOV V，BAKKEN J，HOWLETT R. Smart Universities. SEEL 2017. Smart Innovation，Systems and Technologies，Springer，2017：11-36.

[7] OSPINA-MATEUS H，NINO-PRADA B，TILBE-AYOLA K，et al. Ergonomic and biomechanical evaluation of the use of computers，tablets and smart phones by children：a pilot study[C]//VII Latin American Congress on Biomedical Engineering CLAIB，Colombia，October 26th-28th，2016. Singapore：Springer，2016：320-324.

[8] IBM Corporation. Smarter education with IBM [EB/OL]. [2022-03-02]. https：//www.935.ibm.com/services/multimedia/Framework Smart-er_Education_With_IBM.pdf.

[9] CHUN S，LEE O. Smart education society in South Korea [EB/OL]. [2022-03-02]. http：//gelpbrasil.com/wp-content/uploads/2015/05/smart_education_workshops_slides.pdf.

[10] 福格 . 福格行为模型 [M]. 徐毅，译 . 天津：天津科技出版社，2021.

[11] RAMADAN M Z. Does Saudi school furniture meet ergonomics requirements? [J]. Work，2011，38（2）：93-101.

[12] ISMAIL S A，TAMRIN S B M，HASHIM Z. The association between ergonomic riskfactors，rula score，and musculoskeletal pain among school children：a preliminary result[J]. Applied Ergonomics，2009，1（2）：73-84.

[13] TREVELYAN F C，LEGG S J. Back pain in school children：where to from here?[J]. Applied Ergonomics，2006，37（1）：45-54.

[14] 张天洁 . 成长性儿童书桌设计研究 [J]. 工业设计，2016（5）：181+183.

[15] 张星，郑玉新，王瑞生 . 骨骼肌肉功能失调对卫生专业技术人员职业活动和健康影响的研究 [J]. 卫生研究，2007（3）：333-335.

[16] 张欢欢 . 久坐危害知多少 [J]. 家庭医学，2021（1）：37.

[17] 全国家具标准化技术委员会（SAC/TC 480）. 儿童家具通用技术条件：GB 28007—2011[S/OL]. 北京：中国标准出版社，2012. [2022-03-02]. https：//www.doc88.com/p-7542511916986.html.

[18] RAHUL N，BASWARAJ G，VEERESH P. Implementation of an IoT based smart chair[J]. Research in Applied Science & Engineering Technology，2017，5（4）：1314-1317.

[19] ANWARY A R，CETINKAYA D，VASSALLO M，et al. Smart-cover：a real time sitting posture monitoring system[J]. Sensors and Actuators A：Physical，2021，317：1-13.

[20] MARTINS L，LUCENA R，BELO J，et al. Intelligent chair sensor classification of sitting posture[C]//ROA ROMERO L. IFMBE Proceedings. Cham：Springer，2013：1489-1492.

[21] RUS S，BRAUN A，KUIJPER A. E-textile couch：towards smart garments integrated furniture[C]//BRAUN A，WICHERT R，MAÑA A. Ambient Intelligence. Springer，2017：214-224.

[22] 孙辛欣，周頔，姜斌，等 . 办公座椅坐姿行为的聚类与分析 [J]. 林业工程学报，2018，3（5）：158-164.

[23] 陈文哲 . 基于 Kinect V2 的坐姿识别系统研究 [D/OL]. 北京：北京化工大学，2021. [2022-03-02]. https：//kns.cnki.net/kcms2/article/abstract?v=3uoqIhG8C475KOm_zrgu4lQARvep2SAkueNJRSNVX-zc5TVHKmDNko3UJgNKvJgPKpxnHm1WVB9OcdRRdl0wLKJxbHd04U_t&uniplatform=NZKPT.

[24] 李立，陈玉娟，贾富池，等 . 石家庄市小学生不良体态现状 [J]. 中国学校卫生，2018（9）：1416-1418.

[25] DSINGH A. Degree of musculoskeletal pain and other discomforts ex-perienced by school children using different type of furniture during class[C]//International Conference on Research into Design，January，2017，Singapore，Springer，2017：893-903.

[26] CARNEIRO V，GOMES Â，RANGEL B. Proposal for a universal measurement system

for school chairs and desks for children from 6 to 10 years old[J]. Applied Ergonomics, 2017, 58: 372–385.

[27] EVANS W A, COURTNEY A J, FOK K F. The design of school furniture for Hong Kong school children: an anthropometric case study[J]. Applied Ergonomics, 1988, 19: 122–134.

[28] LEE Y, KIM Y M, LEE J H, et al. Anthropometric mismatch between furniture height and anthropometric measurement: a case study of Korean primary schools[J]. Industrial Ergonomics, 2018, 68: 260–269.

[29] CASTELLUCCI H I, AREZES P M, MOLENBROEK J F M. Analysis of the most relevant anthropometric dimensions for school furniture selection based on a study with students from one Chilean region[J]. Applied Ergonomics, 2015, 46: 201–211.

[30] DIANAT I, KARIMI M A, HASHEMI A A, et al. Classroom furniture and anthropometric characteristics of Iranian high school students: proposed dimensions based on anthropometric data [J]. Applied Ergonomics, 2013, 44 (1): 101–108.

[31] MUSA A. Anthropometric evaluations and assessment of school furniture design in Nigeria: a case study of secondary schools in rural area of Odeda, Nigeria[J]. Industrial Engineering Computations, 2011, 2 (3): 499–508.

[32] OYEWOLE S A, HAIGHT J M, FREIVAIDS A. The ergonomic design of classroom furniture/computer work station for first graders in the elementary school[J]. Industrial Ergonomics, 2010, 40 (4): 437–447.

[33] AGHA S R. School furniture match to students' anthropometry in the Gaza Strip[J]. Ergonomics, 2010, 53 (3): 344–354.

[34] SAVANUR C S, ALTEKAR C R, DE A. Lack of conformity between Indian classroom furniture and student dimensions: proposed future seat/table dimensions[J]. Ergonomics, 2007, 50 (10): 1612–1625.

[35] GONÇALVES M A, AREZES P M. Postural assessment of school children: an input for the design of furniture[J]. Work, 2012, 41: 876–880.

[36] 陆剑雄 . 无锡中小学普通教室课桌椅设计的人机工程学研究 [D/OL]. 南京：南京林业大学，2008. [2022–03–02]. https://kns.cnki.net/kcms2/article/abstract?v=3uoqIhG8C447WN1SO36whBaOoOkzJ23ELn_-3AAgJ5enmUaXDTPHrO2KdOwx9VbPGUc_bVOn6WyD8u_c1m9u_IN-4lcBWN8w&uniplatform=NZKPT.

[37] 何妍 . 中小学生课桌椅使用状况的调查与研究 [D/OL]. 沈阳：沈阳建筑大学，2013. [2022–03–02]. https://kns.cnki.net/kcms2/article/abstract?v=3uoq

IhG8C475KOm_zrgu4lQARvep2SAkbl4wwVeJ9RmnJRGnwiiNVhy_NIN2o4KezQc3hL0Ck08bpox8iUeUYQECJrQZCa56&uniplatform=NZKPT.

[38] VERHAEGH J，FONTIJN WFJ，RESING WCM. On the correlation between children's performances on electronic board tasks and nonverbal intelligence test measures[J]. Computers & Education，2013，69：419-430.

[39] CARNEIRO D，PINHEIRO A P，PEREIRA M. Using behavioral features in tablet-based auditory emotion recognition studies[J]. Future Generation Computer Systems，2018，89：646-658.

[40] KÖYKKÄ K，ABSETZ P，ARAÚJO-SOARES V，et al. Combining the reasoned action approach and habit formation to reduce sitting time in classrooms：Outcome and process evaluation of the Let's Move It teacher intervention[J]. Experimental Social Psychology，2019，81：27-38.

[41] BEJIA I，ABID N，SALEM KB，et al. Low back pain in a cohort of 622 Tunisian schoolchildren and adolescents：an epidemiological study[J]. European Spine Journal，2005，14（4）：331-336.

[42] MURPHY S，BUCKLE P，STUBBS D. Classroom posture and self-reported back and neck pain in schoolchildren[J]. Applied Ergonomics，2014，35，（2）：113-120.

[43] CHUNG J W Y，WONG T K S. Anthropometric evaluation for primary school furniture design[J]. Ergonomics，2007，50（3）：323-334.

[44] FETTWEIS T，ONKELINX MN，SCHWARTZ C，et al. Relevance of adding a triangular dynamic cushion on a traditional chair：a 3D-analysis of seated schoolchildren[J]. Clinical Biomechanics，2017，49：113-118.

[45] 辞海编辑委员会. 辞海 [M]. 上海：上海辞书出版社，2016：2080.

[46] 达尔文. 物种起源 [M]. 舒德干，等译. 北京：北京大学出版社，2005.

[47] ORR H A. The genetic theory of adaptation：a brief history[J]. Nature Reviews Genetics，2005，6：119-127.

[48] COON D，MITTERER J O. 心理学之旅 [M]. 郑钢，等译. 北京：中国轻工业出版社，2015：108.

[49] 邵志芳. 认知心理学：理论、实验和应用 [M]. 上海：上海教育出版社，2013.

[50] DEEPAK L，BHATT M D. Adaptive designs for clinical trials[J]. New England Journal of Medicine，2016，375：65-74.

[51] 郭园，申黎明，时新，等. 信息时代背景下的人机工程学研究进展 [J]. 人类工效学，2016，22（1）：83-86.

[52] 成云 . 心理学 [M]. 四川：四川大学出版社，2008：48.

[53] 鲁忠义 . 心理学 [M]. 北京：科学出版社，2009：69–85.

[54] 王瑞元，苏全生 . 运动生理学 [M]. 北京：人民体育出版社，2002：365.

[55] 蒋丽，殷劲 . 疲劳的运动生理学研究进展 [M]. 成都：电子科技大学出版社，2017：7.

[56] 陈祥 . 高速铁路客车乘坐舒适度综合评价模型研究 [D/OL]. 成都：西南交通大学，2010. https：// kns.cnki.net/kcms2/article/abstract?v=3uoqIhG8C447WN1SO36whNHQvLEhcOy4v9J5uF5OhrnQEpjv_r9SmsC5jFeL4oat7CElDtNpyjTQFqwPtfatCwZ-4jUyrCvj&uniplatform=NZKPT.

[57] 刘莹昕，刘飒，王威尧 . 层次分析法的权重计算及其应用 [J]. 沈阳大学学报（自然科学版），2014，26（5）：372–375.

[58] HEKKERT P，SNELDERS D，WIERINGEN P V. ‘Most advanced，yet acceptable’：typicality and novelty as joint predictors of aesthetic preference in industrial design[J]. British Journal of Psychology，2003，94（1）：111–124.

[59] 凌继尧，徐恒醇 . 艺术设计学 [M]. 上海：上海人民出版社，2006.

[60] 深圳市人体工程学应用协会 . 人体工程学儿童学习桌椅要求：T/SAEA 9501—2018[S/OL]. [2022–03–02]. https：//www.ttbz.org.cn/StandardManage/Detail/27099/.

[61] 滕守尧 . 审美心理描述 [M]. 成都：四川人民出版社，2005.

[62] 景瑶，于娜，呼慧敏，等 . 儿童学习桌功能结构与功能尺寸调查研究 [J]. 家具，2019，40（3）：105–109，125.

[63] 王丽君，张帆，李黎 . 座椅舒适度的测量方法研究 [J]. 家具与室内装饰，2012（12）：30–32.

[64] FASULO L，NADDEO A，CAPPETTI N. A study of classroom seat（dis）comfort：relationships between body movements，center of pressure on the seat，and lower limbs’ sensations[J]. Applied ergonomics，2019，74：233–240.

[65] BERNARD B P. Musculoskeletal disorders and workplace factors：a critical review of the epidemiological evidence for work–related musculoskeletal disorders of the neck，upper extremity，and low back[J]. Cincinnati：DHHS（NIOSH）Publication，1997，97：141.

[66] SEDREZ J A，DA ROSA MIZ，NOLL M，et al. Risk factors associated with structural postural changes in the spinal column of children and adolescents[J]. Revista Paulista de Pediatria：English Edition，2015，33（1）：72–81.

[67] BRINK Y，LOUW Q A. A systematic review of the relationship between sitting and

upper quadrant musculoskeletal pain in children and adolescents[J]. Manual Therapy, 2013, 18 (4): 281–288.

[68] DARLOW B. Beliefs about back pain: the confluence of client, clinician and community[J]. International Journal of Osteopathic Medicine, 2016, 20: 50–61.

[69] BRINK Y, LOUW Q, GRIMMER K, et al. The relationship between sitting posture and upper quadrant musculoskeletal pain in computing South African adolescents: a prospective study[J]. Manual Therapy, 2015, 20: 820–826.

[70] BRINK Y, LOUW Q, GRIMMER K. The amount of postural change experienced by adolescent computer users developing seated–related upper quadrant mus–culoskeletal pain[J]. Bodywork and Movement Therapies, 2018, 22 (3): 608–617.

[71] TICHAUER E R. The Biomechanical Basis of Ergonomics Anatomy Applied to the Design of Work Situations[M]. New York: Wiley& Sons, 1978: 33–47.

[72] BRANTON P. Behaviour, body mechanics and discomfort [J]. Ergonomics, 1960, 12(2): 316–327.

[73] WHITMAN T L, SCIBAK J W, BUTLER K M, et al. Improving classroom behavior in mentally retarded children through correspondence training[J]. Applied Behavior Analysis, 1982, 15: 545–564.

[74] DORNHECKER M, BLAKE J, BENDEN M, et al. The effect of stand–biased deskson academic engagement: an exploratory study[J]. International Journal of Health Promotion and Education, 2015, 53 (5): 271–280.

[75] BISWAS A, OH P I, FAULKNER G E, et al. Sedentary time and its association with risk for disease incidence, mortality, and hospitalization in adults a systematic review and meta–analysis of sedentary time and disease incidence, mortality, and hospitalization[J]. Annals Internal Medicine, 2015, 162 (2): 123–132.

[76] STORR–PAULSEN A, AAGAARD–HENSEN J. The working positions of schoolchildren[J]. Applied Ergonomics, 1995, 25 (1): 63–64.

[77] MARSCHALL M, HARRINGTON A C, STEELE J R. Effect of work station design on sitting posture in young children[J]. Ergonomics, 1995, 38 (9): 1932–1940.

[78] 中国大百科全书总编委会. 中国大百科全书[M]. 北京：中国大百科全书出版社，1985.

[79] 中国大百科全书总编委会. 中国大百科全书[M]. 北京：中国大百科全书出版社，1995.

[80] 李彬彬. 设计心理学[M]. 北京：中国轻工业出版社，2015.

[81] MCATAMNEY L，CORLETT E N. RULA：a survey method for the investigation of work-related upper limb disorders[J]. Applied ergonomics，1993，24（2）：91-99.

[82] 郭园，郭晨旭，时新，等．基于 OpenPose 学习坐姿分析的桌椅人机适应性研究 [J]. 林业工程学报，2020，5（2）：179-185.

[83] 全国人类工效学标准化技术委员会（SAC/TC 7）. 中国未成年人人体尺寸：GB/T 26158—2010 [S/OL]. 北京：中国标准出版社，2011. [2022-03-02]. https：//www.doc88.com/p-9854709220453.html.

[84] 王丽君，李黎，张帆．基于 3D 运动捕捉系统的坐姿角度和舒适度研究 [J]. 中南林业科技大学学报，2013，33（12）：146-150.

[85] 郑泽铭．人的坐姿检测方法及行为劝导研究 [D/OL]. 杭州：浙江大学，2013. [2022-03-02]. https：//kns.cnki.net/kcms2/article/abstract?v=3uoqIhG8C475KOm_zrgu4lQARvep2SAk8URRK9V8kZLG_vkiPpTeIXlcDPZxDznKy85f_U9lXc-LYTwyeFMOaFIC4gV5BpFQ&uniplatform=NZKPT.

[86] CAO Z，SIMON T，WEI S E，et al. OpenPose：realtime multi-person 2D pose estimation using part affinity fields[C]//IEEE Conference on Computer Vision and Pattern Recognition（CVPR），2017：7291-7299.

[87] OpenPose：Real-time multi-person keypoint detection library for body，face，hands，and foot estimation[EB/OL]. [2022-03-02]. https：//github.com/CMU-Perceptual-Computing-Lab/openpose.

[88] STRAKER L M，COLEMAN J，SKOSS R，et al. A comparison of posture and muscle activity during tablet computer，desktop computer and paper use by young children[J]. Ergonomics，2008，51（4）：540-555.

[89] GELDHOF E，DE CLEARCQ D，DE BOURDEAUDHUJI I，et al. Classroom postures of 8-12 year old children[J]. Ergonomics，2008，50：1571-1581.

[90] CICCARELLI M，STRAKER L，MATHIASSEN S，et al. ITKids part ii：variation of postures and muscle activity in children using different information and communication technologies[J]. Work，2011，38（4）：413-427.

[91] 黄馨慧，王明进，何鲜桂，等．184 名 8 ~ 12 岁儿童不同阅读距离及阅读时间调节滞后和调节反应的观察 [J]. 川北医学院学报，2017，32（1）：33-37.

[92] ZACHARKOW D，CHARLES C. Posture-sitting，standing，chair design and exercise[M]. Springfield，IL：Charles C. Thomas Publisher，1988.

[93] 毛航天．人工智能中智能概念的发展研究 [D/OL]. 上海：华东师范大学，2016. [2022-03-02]. https：//kns.cnki.net/kcms2/article/abstract?v=3uoqIhG8C475KOm_zrgu

4lQARvep2SAkfRP2_0Pu6EiJ0xua_6bqBs7snqcMba_VfWHnsRvR5j2HJnve__yNUOVWl53SGhLF&uniplatform=NZKPT.

[94] 顾振宇 . 交互设计原理与方法 [M]. 北京：清华大学出版社，2016.

[95] 吴智慧，张雪颖，徐伟，等 . 智能家具的研究现状与发展趋势 [J]. 林产工业，2017，44（5）：5-8+13.

[96] 任昌山 . 加快推进 2.0，打造教育信息化升级版：《教育信息化 2.0 行动计划》解读之二 [J]. 电化教育研究，2018（6）：29-31+89.

[97] 郭园，申黎明 . 智能教育背景下学习空间及桌椅设计趋势研究 [J]. 家具与室内装饰，2019（7）：17-19.

[98] DAHLSTROM E，KRUEGER K，FREEMAN A，et al. Horizon report：2017 K-12 edition[R]. Austin，TX：The New Media Consortium，2017.

[99] HAUSER S，MUTLU M，et al. Roombots extended：challenges in the next generation of self-reconfigurable modular robots and their application in adaptive and assistive furniture[J]. Robotics and Autonomous Systems，2020，127：1-20.

[100] 温竞华，王秉阳 . 国家卫健委：应尽量避免学龄前儿童使用手机和使用电脑 [EB/OL]. [2022-03-02]. https：//wxn.qq.com/cmsid/WXN20190505500183000.

[101] 申萍，施毅 . 用面部表情量表法评估疼痛 [J]. 国外医学：护理学分册，1998（3）：29.

[102] MANDAL A C. The seated man（Homo Sedens）the seated work position：theory and practice[J]. Applied Ergonomics，1981，12（1）：19-26.

[103] COVER T M，HART P E. Nearest neighbor pattern classification[J]. IEEE Transactions On Information Theory，1967，13（1）：21-27.

[104] 汪先远 . 基于深度学习的人体行为识别研究 [D/OL]. 北京：北京交通大学，2019. [2022-03-02]. https：//kns.cnki.net/kcms2/article/abstract?v=3uoqIhG8C475KOm_zrgu4lQARvep2SAkEcTGK3Qt5VuzQzk0e7M1z4xA5GEkKLBBZYWVddtRWr5R_F7bd9tcGEpQYqDKk0It&uniplatform=NZKPT.

[105] 周志华 . 机器学习 [M]. 北京：清华大学出版社，2016.

[106] 朱红蕾，朱昶胜，徐志刚 . 人体行为识别数据集研究进展 [J]. 自动化学报，2018，44（6）：978-1004.

[107] 中华人民共和国国家卫生和计划生育委员会 . 学校课桌椅功能尺寸及技术要求：GB/T 3976—2014[S/OL]. [2022-03-02]. https：//www.doc88.com/p-1721309805464.html.

[108] KEEGAN J J. Alteration of the lumbar curve related to posture and seating[J]. Journal of

Bone and Joint Surgery, 1953, 35 (3): 589–603.

[109] MARSCHALL M, HARRINGTON A, STEELE J. Effect of work station design on sitting posture in young children[J]. Ergonomics, 1995, 38: 1932–1940.

[110] HAKALA P T, RIMPELA A H, SAARNI L A, et al. Frequent computer-related activities increase the risk of neck-shoulder and low back pain in adolescents[J]. European Journal of Public Health, 2006, 16: 536–541.

后记

家具是人们日常生活必不可少的物品，其与使用者之间的人机关系也是多方学者持续关注的研究方向。环境在发展、技术在创新、桌椅与使用者之间的人机适应关系也随之持续变化，因此，本研究希望能以一类具体的功能型桌椅为切入点，系统地分析桌椅人机适应关系的构成与发展，探索其变化规律及趋势。

《桌椅类家具人机适应性设计》一书的写作是基于我的博士论文，也是我一直关注的方向，在书稿撰写即将完成阶段，心中感慨万千，由衷感谢工作研究期间一路教导我、鼓励我、支持我的各位良师益友，让我能够顺利完成本书。

首先感谢本书的项目支持：重庆市博士"直通车"科研项目（CSTB2022BSXM-JCX0114）、重庆市社会科学规划项目（2020BS78）。

感谢南京林业大学申黎明教授在成文过程中给予的指导与帮助。感谢程万里教授、郭洪武教授、卢晓宁教授、朱南峰教授、周晓燕教授、孙德林教授、吴智慧教授、关惠元教授、许柏鸣教授等在研究内容上给予的宝贵意见。

最后，感谢在后期调研与实验中给予大力支持与帮助的时新、郭晨旭、梁罗丹、朱宣霖。感谢我的父母对我一如既往的鼓励与支持。感谢那些直接、间接，认识的、不认识的，在研究过程中帮助过我的朋友们。另外，还要感谢的是本书所引用学术文献和图例的作者，没有他们这些杰出的研究成果与家具产品，就无法全面论述本书的主题，写作过程中已尽量一一注明来源，若有遗漏请作者来信指明，我会以适当的方式致谢。再次对成文过程中给予我支持和帮助的朋友致以诚挚的感谢！

我的邮箱：gymg12@126.com

郭园

2023 年 7 月于重庆